自慢⑧

人生的對與錯

44則人生體悟分享

《商業周刊》超人氣專欄作家、暢銷書《自慢》系列作者
何飛鵬

自序

人生的對錯之辯

人生總在對與錯之間擺盪！

我們會做對事，得到我們想要的好結果，接著就是一段時間的一帆風順，事事如意；可是我們也會做錯事，從此人生陷入逆境，掉落懸崖，最嚴重的時候，我們必須一切打掉重練，重新開始。

這是在關鍵時刻，做錯了事，會讓我們的一生從此改變。

在日常生活及工作中，我們會做對事，也會做錯事。在工作中，做成了一件事，得到好的績效，獲得同事及公司的讚賞；可是也會搞砸了一件事，使公司受到傷害，自己也會受到懲罰。

生活中，我們會挑對一家餐廳，得到一頓超值的美食饗宴；可是我們也會因選錯了餐廳而懊惱不已。

這些日常生活及工作中的小對小錯，雖不致影響一生，卻也會困擾一時。結論很清楚，人生永遠離不開對與錯，永遠要在對與錯之間博弈。我們永遠想做對，可是錯事卻必然會出現。不論我們如何仔細思考選擇，不論我們如何謹慎從事，錯誤總在我們不預期中忽然出現。

這也是一場人生永無休止的奮戰：選擇對的，避開錯的。我們也永遠在問，有沒有方法能多對少錯，或大對小錯，甚至盡可能不犯錯！

期待不犯錯，這是不可能的想法，也是最荒謬的期待。對錯都是未來選項，任何事都有可能對與錯，我們不可能期待錯誤永遠不出現，就好像擲骰子不可能永遠只出大不出小一樣。對錯就像孿生子一般，相伴相生，不可能絕對切割。我們做過的事，極可能在對中有錯，在錯中有對，我們要有能力分辨絕對的對與錯，更要有能力分辨相對的對與錯。

要能分辨相對的對與錯

何謂相對的對與錯？以我做出版為例：有一本暢銷書賣了兩萬本，這當然是做對事，這是絕對的對，可是如果我們更深入檢討，如果我們再多做幾件事，這本書說不定可以賣到三萬本，這就是相對的錯。在做對的事中，仍有錯事，使好的結果並未極大化，足夠虛心的人便能明辨這種相對的錯，知錯改錯，而不是只陶醉在小對的光環中。

同樣地，在錯事中，也可能並不是全盤皆錯，也不可一概推翻，應在錯事中分辨相對的對與錯，只針對錯事改正。

因此檢討人生的對錯，並非絕對地一刀切分對錯，錯的事必然要檢討，可是對的事也不能輕易放過，也要在其中揪出相對的錯，這樣才可以讓成果極大化。要虛心地面對對的事，仔細分辨其中的細節，找出還可以更好的做法，這才是享受對的光環之餘，更應該具備的態度，這才有機會極大化我們成就的格局。

改錯從知錯認錯開始

其次，在分辨對錯之際，還有一個極常見的誤區：就是做了事卻沒有得到我們期待的好結果，這時候我們往往不認為這是錯的事，甚至還以為這是對的事，只是因為運氣不好，因為外界不配合，因為資源不足，因為工作者執行不力，因而持續做同樣的事。

對不好的結果，我們卻不認錯、不知錯，而堅持到底做同樣的事。

我在創辦《商業周刊》的頭四年，一再賠光所有資本額，虧損累累，可是那個時候，我一再把重點放在外界，一切都是別人的錯！讀者還沒有看週刊的習慣，我們準備的資金不足，我的團隊成員不夠好……我把所有的精神放在檢討外部，完全不承認自己做錯了事。

因此我一再增資，繼續用同樣的方法做事。直到彈盡援絕，無法從外界找到任何資源時，我才開始真誠地面對自己的錯，是因為我不夠好，能力不足，沒有能力把對的事做對，我眼高手低，低估了事情的難度，錯估了環境的變化，也高估了自己的能力，所以讓一件對的事錯得一塌糊塗！

從我「知錯認錯」開始，努力檢討自己，徹底改變自己的作為，一切才翻轉了。

這就是對錯之間的模糊地帶。人往往在做錯了事時，不知錯、不認錯。或者把錯誤指向外界、推給別人，為自己找一個藉口，卻不知徹底檢討自己，自絕於自我覺醒、自我改進的機會。

因此當結果與預期不對稱，必須進行檢討時，第一個要想的就是自己，一切的錯可能因自己而起，不論是環境變動、資源不足或團隊不力，這一切都是因自己而起，因為自己的準備不足、規畫不當、指揮調度不力，外界的錯也是因自己而起，自己該負起所有責任。

而在知錯認錯之後，只要針對錯誤徹底改正，這反而是順理成章的事！

要能區分是錯在判斷或執行

在檢視錯誤時，要仔細分辨錯誤形成的原因、過程、細節，並確定如何下手改進。

一般而言，錯誤可以概括為兩種類型：一是事情本身是錯的，我們選擇了錯誤的事去做；二是事情本身是對的，但是我們在執行過程中，用了錯誤的方法，因為執行不力，導致事情出現了不好的結果。

以我創辦《商業周刊》為例，在當年的時空環境下，這是一件有前景的對的事，可是因為我自己的能力不足，以至於沒有把事情做對，才出現不好的結果。

選對的事做，是策略、是戰略；而如何把事情做對，是執行、是戰術。在檢討錯事時，一定要先分辨是錯的事還是我們沒有把事情做對。

如果是錯的事，那我們要檢討的是，如何在策略思考階段不再有錯誤的思考與判斷，以至於做了錯的決定。如果是我們在執行上沒有把事情做對做好，那我們就該從執行面的過程與細節下手修正。

所謂在執行面出錯，也不見得是所有的事都做錯，一定是在某個關鍵環節上出錯，而因為這個環節出錯，導致全盤皆輸，因此在改錯時，第一件事就是要找出是在哪個環節出錯。許多的錯，不見得能明確找到真正的原因，這時候就要全面檢視所有的工作過程，仔細分辨錯誤的原因，並分析其前因後果，才能找出真正的錯誤所在。

找到錯誤的關鍵所在之後，就要針對此一錯誤的成因仔細分析，是想法錯、邏輯錯還是方法錯，然後進行改正，以建立日後從事類似工作時的正確觀念及做法，並成為日後的工作準則。

例如：有一次我下車後把皮夾遺留在車上，從此我要求自己，在下車時，關上車門前，一定要探頭檢視車廂，看看是否還遺留任何物品，這就是不再遺失物品的行為準則。

如果針對每一項錯誤，都可以建立類似免於再犯的檢查方法，那就可以確保不再犯錯或少犯錯。

人走過必留下痕跡，也會因此而產生經驗，人也是根據經驗來做事，如何校準經驗，留下對的，去除錯的，讓經驗最佳化，這是人成長的必經過程。因此明辨對與錯，也是人必須學會的思考。

這兩本書：《人生的對與錯》、《管理者的對與錯》，是我在人生體驗中的總整理，在不斷的對錯輪替之中，逐漸找到可資遵行的工作、生活準則，提供讀者參考。

目錄

第一部　生涯抉擇

第二部

心性試煉

第三部

學習歷程

第四部

能力培養

第五部 工作實務

第一部

生涯抉擇

1 好奇心的奇幻之旅

錯的習慣

只對當下立刻有用的事物感到關心，對生活周遭無意間的所見所聞完全沒興趣，也不關心。

大多數人都活在當下，關心的也只是與現在工作、生活有關的事物，不會去在意不相關的事物，這是「選擇性的過濾」。

可是在每日生活的過程中，每個人都會無意中接觸許多不相關的事物，或看到、或聽到；但只要「不相關」，都會被忽視，不會進一步去了解，因而錯過了許多增廣見聞的可能，也可能錯過了許多改變一生的機會。

「那年我剛從南加州大學法學院畢業，有一天坐在公寓中，窗戶開著，突然窗外傳來兩個人的對話，其中一個說：我在華納兄弟公司的工作超輕鬆，每天拿八個小時的薪水，但通常只要做一個小時。這傢伙的談話引起我的注意，我把窗戶開大一些，以便清楚聽到接下來的對話。這個人繼續說：我今天剛辭職，我是法務助理，我的老闆叫彼得・克內希特（**Peter Knecht**）。

「我立即打電話查號，接著撥打電話找華納兄弟的克內希特，告訴他我的法律背景，並表示我對剛空出來的法律職缺有興趣。

「我們在隔天下午三點見面，克內希特在三點十五分就決定雇用我。」

這是好萊塢知名電影製作人布萊恩・葛瑟（**Brian Grazer**）如何從法律人跨入電影圈的過程，他製作了無數賣座電影：《美麗境界》（*A Beautiful Mind*）、《阿波羅十三》（*Apollo 13*）、《達文西密碼》（*The Da Vinci Code*）……獲得美國製片公會的終身成就獎、《時代》雜誌（*Time*）的百大影響力人物。

葛瑟在他剛於台灣上市的新書《好奇心》（*A Curious Mind*，中文版由商周出版發行）中坦承：好奇心主導了他一生的生涯，讓他在聽到了窗外路人的對話，並在二十四小時之內，進入了華納兄弟電影公司，也開啟了他追隨好奇心，並展開一個學法律的人，在五光十色的好萊塢的電影人生，最後進而成為舉足輕重的電影製作人。

葛瑟從小就是個好奇寶寶，對任何事他都會提出問題，想獲得理解，當他進入華納兄弟的第一個工作是法務助理，那像是一個快遞人員，負責把合約文件送交給合作對象。可是葛瑟的好奇，開啟了他另一個體驗。

因為那些文件的送達對象，都是好萊塢的名人：知名編劇、導演、製作人、明星，有權勢又有魅力，葛瑟對他們充滿好奇，他不甘只當一個文件快遞員。他下決心要見到這些重要人物。

只要碰到祕書或警衛這些中間人，他就告訴對方，這些文件必須直接交給本人才算「生效」，如果收件人不在，葛瑟寧可下次再來。

就這樣，他見到了所有知名的影劇圈重要人士。

見到這些知名人物，改變了葛瑟的一生，而其背後的動機就是「好奇心」。

而葛瑟也充分發揮好奇心，他鎖定社會上知名人物，設法去約見他們以展開「好奇心」對話，而這些經歷都變成他製作電影與說故事的題材。

葛瑟認為：好奇心可增加工作樂趣，可提升創意，可以打發時間，可以為生活增加樂趣，好奇心讓葛瑟成就一生。

如果我們想成就自我，那就展開好奇心之旅吧！

對的習慣

對任何事物都保持高度的好奇心，不論是看到或聽到任何事，都會仔細理解、消化、吸收，甚至進一步查證，以了解真相。

為什麼有人眼中會看到無數的機會，而有人卻找不到任何機會？原因只在於好奇與否，好奇的人，接觸任何事，事事關心、事事深究，所以會找到許多表面看不到的可能，也找到機會。只要擁有好奇心，就會比別人知道更多事，就算沒能立即找到機會，也可增廣見聞，成為知識廣博的人，這些知識未來總有一天用得著。

2 膽大包天的決定

錯的行為

從不冒險，只做穩當可靠的事。

企業經營貴在穩健，沒有意外，才能長治久安，因此主管也容易被訓練成凡事中庸之道，安全就好。可是凡事穩健，就永遠不會有出人意表的成就，也就永遠不可能創造出不可思議的高成長。

人的一生也在追求穩定，有人選擇公務員，因為是金飯碗，有人選擇領薪水，因為有大樹可棲，可是如果一生只要安全，人生就不會有精彩可期。

在柯林斯（Jim Collins）所寫的《從A到A+》（*Good to Great*）的經典管理書中，談到卓越企業一定要在關鍵時刻，做一個膽大包天的決定，讓企業挑戰一個接近不可能的任務，然後全公司上下全力以赴去完成，一旦這個膽大包天的決定真的實現，那企業就會成為一個世界級的卓越企業。

書中柯林斯提到波音公司決心傾全公司之力，研發七四七飛機，幾乎讓公司深陷困境；菲利浦莫里斯菸草公司在它還是個小公司時，就決定要成為跨國菸草公司，從此也改變了世界菸草產業的結構。

世界華人首富李嘉誠先生，在上個世紀的七〇年代，下決心以小蝦米之姿，購併大公司和記黃埔，每個人都覺得李嘉誠在做一件瘋狂的事，可是這讓李嘉誠變成世界華人首富，遠遠超越了所有的香港企業家。

做一個「膽大包天的決定」成為企業變身最重要的過程。

再如台灣的台塑集團，在台灣景氣最低迷之際，決定在雲林填海興建六輕，動員了全公司之力以及數千億的資金，從此之後，讓台塑集團成為世界領導石化產業集團。

這是每一個企業經營者都需要學會的一課，而這個適用於企業的原則，其實也適用在個人一生的生涯規畫中。

每一個對自己有期待的人，想成就不一樣人生的人，想活出自己、不虛此行的人，都應該在關鍵時刻，為自己做一個膽大包天的決定，然後全力以赴去圓夢、去完成，這樣才能成就自己不一樣的一生。

我在三十四歲那一年，離開了舒適圈《中國時報》去創業，創辦了《商業周刊》。這個決定賭上了我的一生，也賭上了我的下半輩子，對一個長期在大企業中的工作者而言，這絕對是一個膽大包天的決定，不是大好，就是大壞，這也是我許多同事一生想都不敢想的決定。

我的這個決定，在歷經了八年的痛苦煎熬、沉淪之後，終於柳暗花明，這是我一生的轉捩點，一切的一切，都來自這個膽大包天的決定。

我常鼓勵年輕人，如果不想庸庸碌碌過一生，一定要在某個關鍵時刻，做一個膽大包天的決定。

要做膽大包天的決定，要選時機，當外在環境出現結構性的轉變時，出現新的規則、新的變局時，通常是改變的最佳時機。

其次，要做什麼樣的決定，通常要符合下列三項原則：

第一、這件事一定是你相信而且喜歡的事，做這件事你會有最大的熱忱，也願意永遠投入。

第二、這件事一定是對社會有結構性的破壞或創新，因為惟其如此，這件事成功的期望值才夠大，也才值得投入。

第三、這件事的成功關鍵因素中，一定有你可掌握的事，或者是你的專才，或者是你長期研究及了解的事，這樣成功的機率才會高。

不想平凡過一生，就做一次膽大包天的決定吧！

對的行為

在關鍵時刻，人生一定要嘗試做一次膽大包天的決定，這樣的大膽作為，才可能讓你的人生出現不可思議的轉變，也才會有精彩豐富的人生。

大多數人的一生，都要尋求穩定、可靠、安全，因此大多數的選擇其結果都可以預期，不會有不可思議的變化。選擇安全，就一輩子平凡安全過日子吧！

可是我們如果對人生有期待，想過不一樣的一生，那就要在關鍵時刻，做一個膽大包天的決定，去嘗試現在可能做不到的事，去做別人看起來瘋狂的事，去做別人都阻止你去做的事，人生至少要有一次這樣的決定。

3 不墜紅塵？不昧紅塵！

錯的觀念

覺得每天都過得不愉快，生活不愜意，工作很挫折，每天都在想如何逃離痛苦，尋找更好的人生。

人每天都會遇到各種波折、挑戰、困難，人人都會想逃離，換一個工作，換一下生活環境，看看能不能過得快樂些。

不滿現狀，尋求逃離，大多數人都如此。可是當換了一個工作，換了一個環境，就真的會變好嗎？可能原有的痛苦沒有了，可是新環境卻有新的麻煩、新的困難，最後還是不能免於逃離，人可能永遠在逃離中。

三十歲時的一個採訪，解開了我一生面對工作、面對職場的疑惑！

當時我正為報社充滿了同事間的競爭，與辦公室中政治鬥爭的環境所困擾，甚至萌生離職的念頭。

我採訪的一位總經理，五十歲就被提拔為公司最高決策主管，我發覺這位總經理二十幾歲就進入這家公司，一路從最基層的工作者，被提升為小主管、經理、副總經理、總經理，其間還歷經行銷、生產、海外主管，幾乎走遍了公司內的各部門，我很羨慕他一開始工作，就找到一家好公司，可以從一而終，在一個地方貢獻心力，不用尋尋覓覓，到處換工作。

沒想到這個說法，被這位總經理徹底否定了，他說在這家公司，他有數次想離職的念頭，這家公司當時雖然很不錯，獲利、福利制度都稱良好，但也並不是一直都是一家好公司！

在他剛進這家公司時，這家公司是一家新創不久的小公司，尚在努力存活階段，環境待遇都不好，到職三個月，他就想離職，換一下環境，可是因為一直找不到更好的工作，才一直做下去！

工作五年時，他已升到一個小主管，可是面臨公司決策高層變動，幾個副總之間各擁重兵，相互鬥爭，他雖是小主管，但也被捲入鬥爭之中，可是他是一個單純想做事的人，常覺得無所適從，讓他又萌生離職的念頭。然而這個工作正是他可以發揮，而且是他有興趣的事，因此就勉強忍耐，繼續做下去。

又過了幾年，他已經被提升為部門主管，負責公司的新產品研發，可是當時公司原有的產品正陷入困境，業績低迷，公司瀕臨倒閉。這時他又萌生提早棄船的念頭，以免公司撐不過時，與公司一起沉淪。

可是他負責的新產品是公司唯一的指望，而且看起來有機會成功，他不好中途離開，棄所有的同事於不顧，因而又繼續挺住，後來新產品成功，公司營運逆轉，他最後就變成公司總經理。

這位總經理最後用一句禪語做結論：天下的公司都有各式各樣的問題，工作者都必須面對，工作者不可能永遠「不墜紅塵」，因為職場就是紅塵，每一個人都必須在紅塵中打滾，必須接受紅塵所有的折磨。我們只能找到對應紅塵的觀念與態度，找到一個如何對應紅塵的方法，這就是「不昧紅塵」。

他這番話徹底讓我開竅：「天下的公司都有各式各樣的問題」，換到哪裡，也都會有不同的問題，我們如何去尋找好公司呢？或許好公司根本不存在！

我不應該只看到公司中目前面對的問題，就徹底否定公司的價值，公司至少提供一個我可以發揮的舞台，我不要被辦公室政治所擊敗，要找到對應辦公室政治的方法，我不能「不墜職場紅塵」，我要找到正確的態度，「不昧紅塵」。

從此淡然看待紛擾，優遊於紅塵中。

對的觀念

人生就是紅塵，紅塵中就有痛苦，就有困難，就有麻煩，我們離不開紅塵，只能找到對應紅塵的態度，接受紅塵，面對紅塵，放下紅塵。

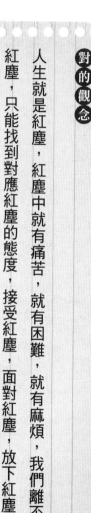

工作是人生最重要的部分，人不可能離開工作，只能選擇工作，可是任何工作，都有困難，都有挫折，所有的職場都類似，只是痛苦不同而已。

轉換工作不是遠離痛苦的方法，要擺脫工作的紛擾，唯有面對紛擾，接受紛擾，最後才能放下紛擾，這是「不昧紅塵」的正確答案。

4 我不知道我喜歡什麼

錯的做法

不知道自己想做什麼？只能到處嘗試，對所做的工作也提不起興趣，從未認真嘗試去做一件事。

沒有明確喜歡的工作，也沒有特殊的專長，只能不斷地嘗試，找到什麼就做什麼。可是對所做的事，也從未認真，都只是應付了事，因為從未認真地去做任何事，因此對任何工作都不會有深刻的體會，當然也無法了解其中的好壞，因此一直找不到合適自己的工作，也不可能知道自己喜歡做什麼，合適做什麼。

在一次與年輕人的演講會上，我提到做自己喜歡做的事，人生會有最大的成就。一個年輕人當場提問，他說他已經出社會三年，歷經九個不同的工作，可是始終沒有找到他真正喜歡的工作，他也不知道他喜歡什麼，請問要如何才能找到自己喜歡的工作？

我常遇到這樣的問題——不知道自己喜歡什麼。這樣的人通常有一個共通點，就是已經歷經了許多工作，卻對每一個工作都提不起興趣，而自己也缺乏非常明確且傲人的專長，因此做什麼不像什麼，始終找不到歸屬。

如果一個人有一項明確的專長，那他一定在這個領域下了很大的工夫去學習，才能培養出專長，才很可能培養出興趣來，所以想要知道自己真正喜歡什麼，第一步就是培養出自己的專長。

而要培養出專長，那就要選擇一項領域認真學習，可是我又不知道這是不是我喜歡的事，為什麼要認真學習呢？

這就是為什麼永遠找不到自己喜歡的工作的原因，因為對任何事都不曾認真過。

要喜歡一件事，一定要徹底了解這件事，才能確定是自己喜歡的事，所以要找到自己喜歡的工作，就要認真地去做每一件事，認真做了、體會了、了解了，就知道這是不是自己喜歡的工作。如果不是，那就再換一個工作，認真去試、認真去學，經過了幾次「試誤」，自然會找到自己喜歡的工作。

每一個人在投入職場的頭三年，可以多方嘗試，一定要在三年之內找到自己的「真愛」，而其前提就是每一次嘗試，都要全力以赴去體會、去學習，絕對不可以因為不確定自己是否喜歡，就淺嘗即止、輕忽以對。這樣絕對找不到自己真正喜歡的工作。

其實只有極少數的人，會有天賦的才能，而大多數人的興趣和專長都是長期學習和培養出來的，當我們因緣際會接觸了某一項工作，我們也努力去學習，往往就會得到好的成果，也會因而獲得認同和肯定，而外界的認同與肯定會促使我們更加努力去學習、去鑽研，日子久了，這就會變成我們的專長，而我們也會跟著培養出對這件事的興趣來！

因此一個人要如何發掘自己的興趣？就是認真地去做每一件事，去了解每一件事的真正本質，你就能確定自己是否喜歡。而經過多次的「試誤」過程，最終一定可以找到自己的真愛。

不要再蹉跎時光了，不要再對任何事都提不起興趣，仔細去理解每一件事，很快會找到自己的真愛。

對的做法

做任何工作，都認真去學、努力去做，一定要能理解這項工作的精髓，就知道是否合適自己，只要多試幾次，一定可以找到自己合適的工作。

工作要徹底理解，才能知道自己喜不喜歡、合不合適，因此找到自己喜歡而合適的工作的方法，就是努去做每個工作，試多了，就會找到合適的。

在嘗試的過程中，一定會發覺自己對什麼性質的工作有興趣、有感覺，也會發覺什麼樣的工作自己做起來比較順手，這就是自己合適的工作。

5 不戰、不和、不走、不死、不降

錯的做法

在生涯、工作不順遂時，只會自己哀怨、鬱悶、抱怨，但卻不採取行動改變，持續留在原地接受煎熬。

許多人害怕改變，就算在工作或生涯遭遇重大挫折或困難時，仍然選擇繼續忍耐，留在原地，可是又不甘於留在原地，因此哀怨有之，抑鬱不樂有之，逢人便抱怨有之，也不願改變自己的看法，坦然面對現況，這就是「不戰、不和、不走、不死、不降」的典型案例。

我三十三歲時結束我一生的打工生涯，從一個大集團企業離開，到一個小公司任職，也為我未來的創業做準備。

那時是我一生打工生涯中最風光的時候，得到公司最大的信任，擁有最大的權力，也有最能發揮的舞台，可是當我問了自己兩個問題之後，我就丟了辭呈，毅然決然地走人。

我問自己的第一個問題是，如果我現在不走人，那我這輩子就永遠走不開了，勢必要一輩子為這個大企業打工，因為那是我一生中最好的時光，擁有豐富的經驗、人脈、體能，如果當時不離開，我轉眼就會到四十歲，一過四十，一切雄心壯志都很難實現，只能老死打工生涯。

對這個問題的第一個回答是：我不要離開，因為待遇、工作內容、舞台，都尚稱良好，我樂意繼續過舒適的日子。

可是問完第一個問題之後，我決定繼續問第二個問題：如果一輩子不離開，那二十年之後，當我五十三歲時，我在這家大公司中會擔任什麼職位？

我會變成這家公司的老闆嗎？不會，因為我不是老闆的兒子。可是其他的職位，我竟然沒有一個有興趣，雖然除了老闆之外的任何職位，我都可能會做，但這些職位都有可能因為老闆的想法改變，我就做不長久，隨時都會下台離開，我不想一輩子看人臉色、沒有自己的空間。

想到這，我立刻就辭職離開了，走一條尋找自我的道路。

我會如此決絕地下決心離開，還有一個原因是我當時讀到中英戰爭兩廣總督葉名琛的故事，在英國兵臨廣州城下時，兩廣總督葉名琛不戰、不和、不走、不死、不降，留在廣州城，直到英軍攻下廣州，葉名琛被俘，被押解到印度，最後死於加爾各答。

這「五不」變成歷史上不作為的千古笑談，任何人面對變局，一定要做一些決定，絕對不可以停在原地不作為，不作為的結果，往往是最悲慘的結局。

我既然知道如果我繼續打工一輩子，我不會快樂，而如果我因循現況不作為，不做一些改變，我不就變成生涯抉擇上的葉名琛了嗎？

我常鼓勵所有的年輕人，應該勇於追逐自己的夢想做自己，不論過程如何坎坷，停在原地不作為，絕對是最大的錯誤。

許多年輕人抱怨現在服務的公司，環境惡劣，待遇不佳，未來升遷無望；也不滿社會景氣不好，無法提供年輕人好的創業環境，因此他們也不敢貿然離開原有的公司，只能停在原地，怨氣沖天，不安於位，做一個不得志的魯蛇！

我的想法是：不戰、不和、不走、不死、不降，只知抱怨，一切都不會改變，丟失的只有自己的青春，留下一生的怨恨。年輕人，好好想想吧！

對的做法

認清自己的角色與自己能做的事，如果在工作與生涯上遇到挫折，就要確認自己還要不要繼續，要走就即刻行動，要留就和現況妥協，不要哀嘆，不要抱怨，努力工作。

不認同現況，又不離開，還要持續抱怨，這是最沒有意義的事，只會浪費時間，徹底變成一個失敗者。

6 一失足成千古恨：別錯失關鍵抉擇

錯的決定

在生涯的轉折點上，做錯決定，從此一生也難挽回。

人的一生都會面對關鍵性的抉擇，該不該放棄已有經驗的行業轉行，該不該辭職，去自行創業？該不該離開台灣，出國工作？這些都是影響一生的事。

遇到關鍵性的抉擇，千萬不能做錯，做了錯誤的決定可能一生都難以改變。

一個網友在線上給我私訊，描述他半生的生涯，希望我給他一點建議，期待在下半生能走出另一條路。

看完他的描述，其實我不太能給他好的建議，但是他的故事，倒是給了我極大的啟發：人的一生都會面臨一、兩次關鍵性的抉擇。我們絕對不可錯失關鍵抉擇，否則會後悔終生。

這位網友是個極傑出的工作者及專業經理人，他的能力就算在世界級的大公司，都有機會出人頭地。而選擇從世界級的外商離職，從此鬱鬱不得志，台灣企業的規模，無法提供他發揮的舞台，台灣企業的老闆，沒有足夠的氣度用他這位超級人才。

這位網友從台灣最好的大學畢業，就進了世界知名的科技公司，表現極佳，成為公司培育的未來國際營運主管人才。後來這家公司經營策略調整，決定結束台灣業務，但希望他能轉往海外，在亞洲區總部任職，並明確告知準備培養他為高階主管的意圖。對一個年輕人而言，這是千載難逢的機會。

不幸的是，這位網友不想離開台灣，又對自己的能力極為自負，覺得在台灣企業中不難有所發揮，所以拒絕公司的好意，選擇拿一筆極優厚的補償金離職。

災難從此開始，他的經歷讓所有台灣的本土企業都極為欣賞，他也歷經了幾個知名公司，但結果都水土不服，台灣企業的規模，搭配不了他的能力；台灣企業人治的文化，也讓他無法適應。他提出的雄才大略，台灣企業也消受不起，就這樣，十餘年的光陰轉眼就過，他還在尋找他的第二春。

這個故事，不是當事人能力不足，而是台灣的本土企業容納不下國際大才，當他在那次關鍵抉擇選擇錯誤之後，一生就很難回頭。他很後悔離開那一家外商公司。

我很清楚生涯的關鍵抉擇極為重要，但這是我第一個看到的活生生實例。錯過一次，成就宛如天壤，一生幾乎就此改變，可能終其一生也無法挽回。

對大多數成功者而言，一生攀登高峰的關鍵，通常是取決於一、兩次精準的抉擇。當我們有機會參考成功者的人生歷練時，我們會看到這些抉擇的重要，只不過對大多數人而言，當他們做此抉擇時，並不知道這次決定會影響一生。

這種關鍵性抉擇，通常會發生在人生的轉折點上，前後的改變越大，影響也越大。留在台灣、走出國際，就是典型的轉折，這時千萬不要為短時、短利所困，要從長期策略思考，做出影響一生的關鍵抉擇。

對的決定

面對關鍵抉擇時，一定要審慎思考，不可憑直覺，也不可以只考慮短期眼前的得失，因為這可能是影響一生的抉擇。

影響一生的決定，做決定時一定要先思考十年、甚至二十年之後，你想做什麼？想過什麼樣的生活？想成為什麼樣的人？然後比較一下，哪一種決定比較有助於讓你完成這樣的願望，有了長遠的思考，犯錯的機會就比較小。

會做錯誤的決定，通常是輕忽以對，未經深思熟慮。

7 從該做、能做的事到想做的事

錯的行為

人往往優先做想做的事，而沒有去做該做的事，也不願意去做能做的事。

人在每一個當下，都有你該盡的責任，那是你該做的事，也會有你現在能力所及、立即能做的事，可是人也會有想望，期待自己想去做的事，如果一再追逐想做的事，不願放下身段做現在能做的事，也不願意負責務實的去做該做的事，這都是錯誤的選擇。

當兵退伍那一年，我找了三個月的工作，始終沒有結果。直到十一月中，一個在國泰人壽上班的同學告訴我，國泰人壽要招考一批外勤輔導專員，基本上有大學畢業都會錄取，尤其我念的是說得出口的大學更沒問題，問我要不要去試試看。

我想了一天，就下定決心去報考。理由很簡單，我媽媽辛苦供我讀完大學，就是指望我早日就業，有一份工作、有一份薪水，好讓她安心，也貼補家用，這是我當時最「該做」的事。雖然保險業並不是我喜歡的行業，也不是我「想做」的事，可是這份工作卻是當時我唯一找到「能做」的事，因此在「該做」與立即「能做」的考量下，我去當了壽險公司的輔導專員。這是我暫時的棲身之地。

做了半年多的輔導專員，遇到《工商時報》創刊，我就去報考記者，並順利考上，我終於做了「想做」的事。

這是我人生的第一次，從「該做」、「能做」的事開始，慢慢等待機會出現，再邁向我「想做」的事。我的人生中，不斷重複這樣的過程，當「想做」的事還沒出現或尚無機會成真時，我總是先做「能做」的事、「該做」的事，再等待「想做」的事出現。

人生的每一個時刻，永遠有當時「該做」的事，當我畢業時，「該做」的就是有一份工作、有一份薪水，讓媽媽安心。只要我一天沒工作，我媽就會擔心，在我找工作沒著落的那三個月，她雖不說話，但我能充分體會她的憂心，所以當時我最重要的事，就是有一份工作，這是作為「人子」必須盡的責任，為了履行「該做」的事，我幾乎毫不考慮就考了國泰人壽。

當然那份工作也是我當時唯一「能做」的事，那我還有什麼好選擇的？

如果我一味追逐「想做」的事，就要冒著長期失業的風險，因為我想做的事不知何年何月何日會出現，可能是幾個月、半年，也可能是一年；而這漫長的等待，我除了憂心、情緒低落之外，還會消磨掉志氣，讓我喪失信心，那就更難找到工作了。

而在我的工作生涯中，我也常常歷經想做的事時機未到，只能慢慢等待。這時候我「該做」的事，就是做好眼前「能做」的工作，或許眼前「能做」的事效益不大，可能也很無趣，可是我不能為此怠慢，仍要全力以赴，因為這是我現在「該做」及「能做」的事。

「能做」與「該做」的事是學習，也是磨練，更是累積每個人的人生歷練。如果我們因為找不到「想做」的事，而自怨自艾、蹉跎時光，停在原地不做任何事，就只是浪費生命。

我見到許多年輕人找不到「想做」的好工作，就不做任何事，這絕對不是正確的選擇，應先盡「該做」的責任，從「能做」的事開始吧！

對的行為

面對自己現在所扮演的角色，做該做的事，也真誠地面對自己，去做自己能力所及的事，把想做的事暫時放下，排定時間一步一步去完成。

許多年輕人一直浪費時間在尋找自己想做的事，也不斷嘗試去做自己想做的事，卻一事無成。可是卻忘記自己現在該負的責任，沒有去做該做的事，也不願意降格以求，去做現在自己能力所及的事，這都是蹉跎時間、浪費生命。

做該做的事，做能做的事，把想做的事放在心中，擬定計畫，分階段一步步去完成，這才是正確的做法。

8 愛貓愛狗愛旅行，然後呢？

錯的做法

自我介紹的時候，只自顧自說自己有興趣的事，完全沒有照顧到聽眾想了解的事，變成完全無用的溝通。

年輕人對休閒樂趣的喜好，通常甚於工作，因此有機會做自我介紹時，常只是說明興趣愛好，而完全忽略了和工作、能力直接相關的事，這樣的自我介紹，在職場中是不合格的。

難得有機會參加一個營運團隊的季會，在會議的最後階段，有一項是新人介紹，我帶著期待，想知道這一季公司來了哪些新人。

第一個介紹是一個很害羞的新人，除了介紹自己的名字及畢業學校之外，就匆匆下台。

第二個似乎有備而來，還準備了投影片，姓名之外還有美美的大頭照，接著就是她所飼養的貓咪照片，介紹了許多她與貓咪相處的經驗。

第三個也準備了投影片，放了許多她從小到大的照片，她是一個愛旅行的人，說了很多她到世界各地旅行的經驗。

第四個是一個由工讀生轉正職的人，她仔細說明了自己的學歷、專長，也說了過去的一些打工經驗，表達了我們公司是她打工過程中學到最多的經歷，她很珍惜能由工讀生轉為正職，未來將會全力以赴工作。最後還附上了她們部門正在舉辦的活動的QR Code，拜託所有同事多多掃描使用，以增加人氣。

聽完所有新人的介紹，我十分感慨，竟然現在的工作者連自我介紹都不會，而更加感慨的是，這樣不正確的自我介紹方式，顯然已經存在許久，竟然沒有人提出糾正、改變。

現在的年輕工作者完全以自我為中心，只重視自己喜歡的事，因此介紹內容充滿了「愛貓愛狗愛旅行」的個人興趣，而跟工作相關的專長、學歷、經歷，只是象徵性地一筆帶過，這樣的自我介紹完全不符合職場中的需求，就好像仍然處在大學念書時參加社團活動時一樣，似乎大家只是好玩地暫時相聚一般。

每一個人進入職場，都是一件極為神聖的事，而第一次面對所有的同事做自我介紹，更決定了自己在這家公司未來的成敗。

聽到自我介紹的人一定包括自己部門內的同事，不管是否有直接接觸，未來肯定是重要的工作夥伴；同時也包括各平行或協力單位的長官或同事，也有機會接觸往來；更重要的是，在座可能還有上層主管，他正眼睜睜地看著每一個新人，想了解新人是否值得重視與培養。

知道台下所有人的需求，我們就會知道自我介紹是一件嚴肅而重要的事，絕對不可以只是「愛貓愛狗愛旅行」草草了事。

一個成功的自我介紹一定要包括：姓名、學歷、經歷、專長，對工作的態度與想法，如果過去有值得表述的成功經驗，更要清楚說明，以加深所有人的印象。

總之，職場中的自我介紹，是一個人順利工作的開始，絕對不可以只是「愛貓愛狗愛旅行」就結束了。

對的做法

在職場與正式場合的自我介紹，一定要著重在自己的專長與能力，與工作上的期待，休閒樂趣當然也可兼顧，但不可喧賓奪主。

職場中的自我介紹，主要的目的在讓所有同事認識你，知道你是誰？你的背景是什麼？你有什麼專長？你負責什麼工作？未來如何與你配合？如果上台只介紹自己愛貓愛狗愛旅行，喜歡聽音樂，這完全沒有溝通的功能。

9 對組織忠誠，不是「抓耙子」

錯的觀念

只要向上級陳述看到的事，就是「告密者」，告密者是組織中最被人討厭的人，我不要做告密者。

「抓耙子」是極負面的稱呼，指的是違背道義去告密的人，因此在組織中，多數人都會謹守不當告密者的不成文規則。可是如果發現組織中有違反組織規定的事，有人有違反職責的事，這也不應該向組織反映嗎？

這是許多工作者的困擾，在同事情誼與公司的大是大非之間應如何取捨？

一個年輕工作者問我，他的主管做了許多很奇怪的事，這些事都是他覺得不應該做的事，有些事明顯違反公司規定，有些事看起來不是公司的最佳利益選擇，他很想向公司反映此事，可是他的主管私底下又對他非常好，並且在有意無意之間，經常提醒同事不要將正在做的事，讓上級主管知道，以免上級過問太多，會影響工作進度。

他的困擾是，想向上級反映主管的不正確作為，可是這樣自己就會變成告密者，「抓耙子」是會被看不起的，而且主管又對他不錯，這樣做是不是會對不起主管？

這是一個典型的職場案例，要以公司利益為重，向上級反映所見到的不合理情事？還是遵守職場的潛規則，沉默不語，明哲保身，不要當「抓耙子」？

他的問題讓我想起一段往事。在我剛創業的初期，一位主管犯了一個大錯，因怕公司責難，不敢讓我知道，而私下處理，導致問題越弄越大，而且公司大多數人都知道此事，只有我一個人不知道，直到最後紙包不住火，事情才爆發出來。當我知道公司許多人都事先知道，卻沒有人向我反映此事，這讓我非常失望，也非常生氣！

我找了許多人來詢問，為什麼事先不告訴我？大多數人說，這是主管的決定，他們不好越級報告，而且向上上級去報告此事，這不就是告密嗎？大家都不想當「抓耙子」。

我這才驚覺，中國世俗的影響太大了，大家都習慣明哲保身，也不願當告密的「抓耙子」，人與人私下相處的潛規則，早已凌駕職場中應具備的是非觀念。

為糾正此一現象，我在公司中不斷地強調，所有人應以公司利益為重，見到任何異常或不合理的事，都應該主動向上級反映，這是人人應具備的職場倫理。明知不對的事，卻沉默不語，坐視問題發生，也要一起負責任。

為此我還立下一個規則，我向全公司宣布：「我的辦公室大門永遠開著，歡迎所有員工有任何的問題，都可以直接向我反映。」我還強調，「事無對錯、無大小，只要同事覺得我應該知道的事，都可以進來和我討論。」

為了處理「抓耙子」的事，我訂了許多規則，但公司中真的就能免除「抓耙子」的困擾嗎？我知道這不可能，中國人的社會，不當告密者的陰影永遠在。

每一個人在向上上級反映問題時，都會仔細盤算可能的後果，直屬主管知道了會不會秋後算帳？會不會從此成為直屬主管的眼中釘？而上上級主管會認同越級報告嗎？直屬主管和上上級主管是不是同一掛的人？所報告的事，說不定是上上級所授意的事呢？這些顧慮都是工作者主動反映問題前，必須仔細思考的事。

不過作為工作者，必須要認同公司，對組織忠誠，一切以公司利益為重，主動向公司反映問題，絕對不是告密者，不是「抓耙子」。

對的觀念

分清是非，向公司反映違反組織規章的事，是每一個人都必需的作為，絕對不是告密者。

同事情誼是人與人之間的小是小非，公司利益、違反公司規則是組織的大是大非，兩者不可混為一談，只要看見問題，看見弊病，就應立即向直屬主管反映，讓公司能及早處理，防患未然。

當然如果有些問題還不明顯，只是看起來「怪怪的」，似乎有些違反常理，這時我們也應保持密切注意，一旦發覺有事，就要立即反映！

第二部

心性試煉

10 跳出自我背叛

錯的行為

對於自己該做的事，卻因惰性而不去做，而為了降低罪過，又想盡各種理由，作為不作為的藉口，而扭曲了自己對世界的看法。這就是自我背叛。

每一個人都隨時可能逃避該做的事，背棄自己該負的責任，之後為了合理化自己的失職，只好為自己找理由，也會去醜化他人，把責任推給別人，這些都會扭曲事實，讓自己背離常理。

「如果你覺得該替別人做某件事，而你沒有這樣做，這就是自我背叛。」

「我背叛了自己之後，就會開始扭曲自己看世界的方式，尋找各種理由，以便合理化內心的自我背叛。」

「這種合理化的理由，扭曲了我看到的事實。」

「於是，當我背叛自己，就掉進了自我欺騙的框框之中。」

「掉進自我欺騙的框框，我就會誇大別人的缺點、誇大自己的優點、誇大自我合理化藉口的重要性，然後責怪別人……」

週五帶了一本書回家，幾乎一天就看完，這是很簡單的故事與對話，說的是人生與職場中最淺顯的道理，英文原書名是《Leadership and Self-Deception》（中文書名為《有些事你不知道，永遠別想往上爬！》，由春光發行），前述的劇情就是一個人如何從自我背叛開始，經過一連串轉化過程，最後進入自我欺騙、扭曲真相，然後責怪環境、抱怨別人，進入人際關係的惡性循環，也使人生與組織面臨災難。

自我背叛可以從夫妻之間的小孩半夜啼哭開始，先生感覺應該起來哄小孩，但卻繼續睡沒起來。為了合理化這行為，先生會誇大第二天上班的重要性，覺得太太應該體諒先生的辛苦，而如果太太也繼續睡，先生就會認為太太不貼心、懶惰，進而看太太不順眼。而太太也不會看先生順眼，從此走上貌合神離之路。

職場中也是如此，當一個人未完成任務時，就會責怪主管的要求不合理，給了太多工作、嫌同事不配合、抱怨資源不足，而使整個組織進入互相責怪的惡性循環。

那麼，一個人如果要跳出互相責怪的共犯結構，該如何改變這種人際關係的惡性循環呢？

把每一個人當作「人」看，而不是當作「東西」看，徹底檢視自己的行為，真誠地去面對那些曾經被自己背叛的人，重新去關心他們，向他們承認你會改變，嘗試去啟動人際關係的改變。

書中的主角羅屋，就是在徹悟自我背叛的問題之後，扛了一個梯子到一個離職主管的家中道歉，因為梯子是當初他們引發爭執的導火線，這位離職主管大感意外，雖仍不敢相信羅屋已經改變，可是終於願意坐下來溝通，也回到了羅屋的公司，而成就了一個非常成功的公司。

每一個人都可能陷入自我背叛與自我欺騙，每一個人都應該重新檢視自己的作為，真誠對待其他每一個人吧！

對的行為

做每一件自己該做的事，絕不推託，有時候自己如果未能盡責，也要坦承錯誤，表示抱歉，不可以把責任推給別人，怪罪環境。

「自我背叛」是心理學家研究出來的理論，談的是一個人未盡職責之後，一連串心中的轉折過程，許多人與人的衝突，都源於人的自我背叛，了解自我背叛的道理，就應坦然認錯。

11 別迷戀外在的光環

錯的觀念

年輕人常以有沒有面子、這件事光不光彩來衡量這件事該不該去做、值不值得做，只為了維持面子，而做了錯誤的選擇。

許多年輕人經常迷戀外在的光環，明明阮囊羞澀，但外表也要打扮得光鮮亮麗；選擇工作，寧願坐辦公室領低薪，也不願去做付出勞力的工作；寧可進大公司做低階的事，也不願進小公司做有前景的工作。這種觀念，會使自己喪失有發展的未來。

一個畢業八個月的小女生，向我請教未來生涯規畫。她的目標是想進一些知名跨國公司在台灣的分公司。

我問她過去八個月在做什麼？她告訴我她在一家網路公司上班，一畢業就進了這家公司，已經做了八個月，工作也已非常上手，頗得到公司主管的賞識。但因為需要常常加班，她想換一個更好的公司。

她的回答讓我十分意外。因為她正在上班的公司，是一家極具前景的網路新秀，現在規模雖然不大，但未來發展極被看好！而她在這家公司又頗受重用，為什麼會想離職呢？

我問她，未來換工作，有明確的目標嗎？

她說了兩、三家公司，都是知名的國際媒體公司。我再問：為什麼想進這些公司？

她回答：因為都是知名的公司，感覺上是個大公司，應該會較有學習的空間。

我告訴她，這幾家公司在台灣都只是銷售公司，負責販賣總公司的產品，都只有一個規模不大的小業務團隊，進了這些公司並不能學到什麼。

她顯然對我所說的事完全一無所知，對她能做什麼也說不出來。

類似的劇情，其實常在現今的年輕人身上出現，找工作時第一目標都要找知名的公司，常常見諸報章雜誌的公司，最好還要是知名的跨國企業，因為這樣的公司，說得出名字、上得了檯面，拿出的名片也有面子。

每年媒體也會做調查，公布社會新鮮人最想去上班的公司排名，每次我看到這個排名，都啼笑皆非，因為上榜的公司都是最近常上媒體的公司，並不見得是個真正的好公司，也不見得適合社會新鮮人去爭取。

這是應徵工作時的「光環效應」，知名、時尚、當紅的公司，大家就一窩蜂地擠破頭去爭取，完全不去思考這家公司合不合適我。

其實對社會新鮮人來說：找工作，最重要的是工作的內涵，做什麼工作？有什麼學習成長的空間？因為每一項工作，都會變成你未來經驗的一部分，因此每一次的工作都要有好的積累，長期下來才能成就自己的工作能力。

因此社會新鮮人在找工作時，最應重視的條件是工作的內涵，要問這樣的工作有沒有前景、值不值得投入。

第二要重視的是：工作有沒有學習的空間？能學到什麼東西？因為學校只能得到基礎的知識，工作者的能力通常是在工作中逐漸學會，因此工作中能學到的工作技能，是每一個工作者未來成長的關鍵。

至於公司的知名度、薪水待遇，都不應該是最主要的考量。找工作時，如果受到公司知名度的光環所影響，就算讓我們得到工作機會，但工作的內涵可能不是我們真正想要的，終究是一場空。

對的觀念

真實地面對自己，不要打腫臉充胖子，也不要愛面子，去做那些表面看起來光鮮的事。

人貴真實，有多少能力，做多少事，千萬不要企求超越自己能力以外的事，穿著適切平實即可，不需名牌打扮，找工作要選擇對自己長遠有發展的事，不要迷戀公司的知名度，好聽的頭銜，短期的收入，這些都會錯失正確的生涯選擇。

12 不要為不能改變的事憂心

錯的態度

許多年輕人對任何事都憂心：憂心景氣不佳，憂心環境惡劣，更擔心自己上班的公司會不會倒閉，發不出薪水，花了很多心思在自己完全不能改變的事情上。

人是需要未雨綢繆，為未來做準備，及早因應，可是也不應任何事都憂心，尤其是對自己完全沒能力改變的事，更不需要花精神去擔心。

一九九四年九月，我出了一本書《一九九五閏八月》，描述中共可能攻打台灣，一時一紙風行，成為台灣人最關心的話題。

一個老友不斷地打電話給我，約我吃飯，見面時，這位老友一臉憂心，問我：「中共真的會打來嗎？」、「如果中共真的動武，台灣會怎麼樣？」我告訴他，這只是那位作者根據資料分析所做的預測，真的世界會如何，誰也不知道，我不知道中共會不會動武，也無法判斷台灣未來的命運會如何。

我對這位老友的理解，他跟我一樣是個上班族，應該沒有存太多錢，如果海峽真的動武，其實他並無法有任何應變，只能留在台灣，與台灣共存亡。這是我分析外在環境的變動之後，對自己的應變措施，所得到的結論。

我自己分析，如果台灣真的淪為戰場，如果我有足夠的積蓄，那我就該及早移民離開台灣，可是如果我沒有足夠的錢，那我就什麼事也不能做，也不用做，只能在台灣，與台灣共存亡。我出《一九九五閏八月》的目的，就是說出了兩岸領導人如果各自堅持己見，互相挑釁，最後就有可能走到兵戎相見的絕境，出書的目的只是提醒兩岸領導人互留餘地，不要擦槍走火，這是我唯一能做的事，至於如果真的動武，那只有聽天由命！

當我想清楚這些結論之後，我就繼續安穩地過日子，不再為台灣未來擔心！

我把我的想法和這位老友分享，勸他不要為此擔心，但他仍然不能放下，愁容依舊，離開時對我的豁達還是不以為然。

我發覺這世界上有許多人會對不可能改變的事情憂心忡忡，讓自己無心生活，無心工作，整天無所適從。

我也曾經如此，記者出身讓我對未來可能發生的事，有較諸一般人更高的敏銳與敏感，常常在想未來會怎樣，也因此常會杞人憂天，為未來感到憂心，甚至會影響正常的生活及工作，可是後來我發覺這樣子不是辦法，我必須找出更好的對應方式。

其中有許多次我所擔心的事並沒有發生，因此我的憂慮其實是不必要的。之後我又找到一個可以讓自己安心的對應方式，那就是先假設如果最壞的狀況發生，我能做什麼事，然後預為準備，預先因應。只要做好因應措施，我就可以不要擔心。

可是在預想最壞的狀況發生時，我發覺我似乎也找不到任何可能的因應方式，我無法做任何改變，只能等待事情發生了，再見招拆招，甚至只能聽天由命。

當我遇到這種不能做任何改變的事時，我就知道即使我擔心受怕也沒什麼用，最典型的例子就是兩岸發生戰事，我既無錢移民，以趨吉避凶，也無法做任何事，讓這件事不要發生，那我就會不去想，不再擔心。

我們經常想太多，可是想了也不能改變任何事，那就不如放寬心，豁達一些過日子吧！

對的態度

只關心自己能有所作為、能改變的事，對那些自己完全無能力改變的事，則不必花無謂的精神去思考。

人難免受環境影響，環境變好，大家雞犬升天，一體受惠；環境惡化，則所有的人都一起沉淪。可是花時間去憂慮環境，完全於事無補，因為一己之力，不可能改變環境。因此與其憂心不能改變的事，不如留一些精力，去改變自己的能力吧！

當遇到任何事時，我一定先考慮這件事我能不能改變，如果不能改變，我就不再去想了。

13 真心誠意會帶來感動

錯的做法

做任何事，只是表面應付，或者只是按既定的流程處理，從不真心誠意地思考對方的需求，這樣久而久之必定會得罪人，因為你沒有解決問題的誠意。

人與人相處，日子久了，一定會知道對方的底細，如果一個人缺乏誠意，每個人都會知道你是沒誠意的人。沒有人會喜歡沒有誠意的人，而當你需要別人協助的時候，也不會有人真心誠意幫你。

兩個平行單位的主管互相看不順眼，其中一個是直線部門主管，另一個是後勤的服務平台，直線部門主管嫌後勤服務部門對他們的要求總是表面應付，並沒有真心協助，因此問題持續存在，永遠不能解決。

而後勤服務主管則抱怨：直線部門老是提出不合理的要求，以至於平台服務部門根本做不到，問題當然永遠無法解決。

作為這兩個人的主管，他們各有道理，直線部門因為外在環境惡劣，不得不想盡各種辦法去增加業務，而所有的作為，常要仰賴平台配合，平台如果要配合，就要多做許多事，可是多做事可能不符成本效益，因而配合起來就意願不高。

而平台服務部門是成本中心，一切講求效益並沒有錯，他們也不能任由直線部門予取予求。

我下決心處理此一問題：我首先找來了平台主管，告訴他一個讓客戶滿意的道理：「我永遠無法讓客戶滿意，但我可以讓客戶感動。」

客戶的問題五花八門，而且經常提出不合理的要求，客戶服務的人永遠要承受客戶的抱怨，我們通常無法讓客戶真正滿意，但是如果我們願意真心誠意協助客戶解決問題，我們認真的對應方式、行為語言，會充分表現出我們的投入，以及願意盡一切努力的態度，往往會讓客戶感動，而感動會解決客戶的抱怨，那一切事情就迎刃而解了。

我也告訴他：要體諒直線主管的困難，他們並不是難纏且會找麻煩的客戶，他們是因為環境不佳，業績不振，才去想各種增加業績的方法，這些做法雖未必可行，但卻代表了他們為了改變現況所做的努力，平台服務人員如果冷回應，他們會受到很大的挫折，也會心有不甘，覺得平台並沒有共體時艱的同理心，當然就會視平台為仇敵了。

我也找來直線主管，告訴他在提出新的平台工作需求時，要思考平台的成本與人力需求，不可以一相情願地要求平台配合，必須要有換位思考。

當我對雙方做完告誡之後，雙方的緊張關係和緩了，平台所有的工作同仁，在遇到新的服務需求時，不再只是冷冷的回應，會認真地去思考如何改變現有的服務流程，以配合直線部門的需要，就算不能完全滿足，可能也會提出替代的解決方案，表現出配合的誠意，從此直線部門的抱怨也就變少了。

任何人的真心誠意，不見得能真正解決所有問題，但卻能帶來感動！

對的做法

做任何事，給別人幫忙，都要秉持真心誠意，認真地替對方設想，盡全力去協助解決，這樣才能廣結善緣。

真心誠意是人與人相處的一種感覺，有誠意未必真能解決所有的事，可是有誠意，別人可以感受得到，也會因而感動，會感謝你的付出。

做任何事都付出真心，是人與人相處最好的策略，在不知不覺中，可以廣結善緣，未來也可能得到回報。

14 從自己改變開始

錯的觀念

一切都是別人的錯，遇到挫折或不順時，只知怪罪環境，抱怨組織，指責別人。

人生總會遇到各種不如意事，職場中也存在著各式各樣的問題，當遇到困難時，多數人都會選擇怪罪別人，怪罪環境，覺得自己怎麼會遇到這麼不合理的事？可是不論如何抱怨，一切都不會改變，困難、煎熬只會繼續。

一個部門主管跟我抱怨，他們團隊成員缺乏幹練的工作者，許多事都要他自己親力親為，才能完成。

一個工作者談到他們主管，態度蠻橫，完全不體諒團隊的辛苦，只會用高壓手段要求部屬，團隊做得再多，也得不到他的認同。

另一位主管抱怨後勤部門，一切按規定辦事，不知道變通，讓他們辛苦爭取回來的生意，無法順利完成，只能看著生意溜走。

我也常聽到公司中的成員抱怨公司老闆，策略不明，讓他們無所適從，經常做白工，老是在原地打轉。

似乎組織中的每一個人，都有道不盡的為難：每一個層級、每一個職位，都會遇到不合理的對待，都會遇到不講理的人，也會遭遇不稱職的團隊成員，更會碰到不夠英明的老闆、主管，所以每一個組織中都充滿了抱怨！

每一次我聽到抱怨，再仔細聽完所有劇情，我發覺大多數的抱怨是組織中必然存在的現象。例如一個不錯的主管，難免也有脾氣，只看到他的壞脾氣，當然一無是處；新進員工當然不稱職，不給他時間學習歷練，自然不能成事。

後勤支援部門當然會有工作準則，違反規則的事，當然不能接受，不能因此就認定他們僵化不知變通。

因此大多數的抱怨，是因為抱怨者期待過高，只從自己的角度出發，不能心平氣和地理解組織的常態。

然而組織中確實也會存在著不合理的人、事、物，當我們遇到這些不合理的人、事、物時，又該如何自處呢？

沒有人會坐視組織中不合理的人、事、物的存在，我們一定會嘗試去溝通、去改變。問題是這些不合理的現象可能在組織中存在已久，也曾經早已有人嘗試去改變，但卻仍然繼續存在，代表著這些現象一定具有其無法改變的理由，我們的努力，可能也只是盡人事而已。

當我們遇到這些不可能改變的不合理時，我們又該如何自處呢？

我的方法是改變自己。改變自己的態度，改變自己看事情的方法，先接受這些不合理事物的存在，然後再找到對應的方法，與之共存。

不合理事物之所以長期存在，必然已成為環境的一部分，既然是環境，環境就不易改變。人通常無法改變環境，只能想辦法適應環境，要適應環境，最重要的事就是改變自己。

在接受不合理的事物存在的事實之後，我們接著就要改變自己的工作方法，要針對不合理的事物，設計出一套有效的對應方式。

如果不合理的對象是人，我們要找到溝通方法；如果不合理的對象是事，我們要調整出適應的方法；如果不合理的對象是制度，我們要找到在制度下的生存方式。

環境不會改變，不合理也不會變合理，一切從改變自己開始吧！

對的觀念

與其抱怨環境，怪罪別人，不如改變自己，改變自己的態度、看法、工作邏輯，以突破所遇到的困境。

當我們遇到不合理的人、事、物時，如果只是抱怨，一切都不會改變，因此最好的態度是「改變從自己開始」，改變自己的工作態度，改變自己對環境的期待，同時也改變自己的工作能力，以嘗試突破現有的困境，這是最有效的方法。

15 不爭對錯，爭結果

錯的觀念

經常從自己的角度出發，覺得自己是對的，覺得別人是錯的，經常為了爭對錯，與別人鬧得面紅耳赤，發生衝突。

人與人的衝突，原因通常是為了爭對錯，當覺得自己是對的時候，我們就會得理不饒人，一定要爭個水落石出，可是自己一定是對的嗎？並不盡然，有時候極可能是自己的偏見，自己的觀點，不見得禁得起公評，爭對錯的結果，可能只是表面的是非，並無實質的助益。

年輕的時候，時常在馬路上因為開車與人發生口角，甚至引發衝突。

剛畢業時，我騎了一台偉士牌一百五十西西的摩托車，馬力足、速度快，有一次一輛轎車緊急向右邊變換車道，讓我的車子無路可去，差一點撞上人行道，我大怒，騎著摩托車加速追趕，在下一個紅綠燈，攔下了這輛車，我把摩托車停在車前，讓他走不了，然後下車理論，沒想到車上走下來四個壯漢，我還是不服輸，吵了一架，最後以我受傷收場。

之後，我並未因此收斂，遇到任何糾紛，總是要爭個是非對錯，不管代價有多高，我只要認為我對，絕不退縮，一定要爭到對方道歉為止。

我認為這是有公理的世界，有理走遍天下，無理寸步難行，因此只要我對，一定力爭到底。

就這樣，我為了爭對錯，吃了許多大虧，除了在馬路上與陌生人爭吵、打架之外，在工作及生活上也爭對錯，得到了許多教訓。

我曾為了主管公不公平，似乎對某些同事特別好，向主管抗議。主管當然不會承認，而且通常有各種理由解釋他的處理方式，我不但爭不到對錯，還招來主管的特殊眼光對待，從此成為部門中的異議分子。

我在做生意時，也不時會遇到不講理的客戶，口氣傲慢，提出許多不合理的要求，卻沒有相對的承諾。這時我也會據理力爭，指出他們的不合理，希望他們改變態度。結果是客戶都覺得我是很奇怪的人，哪來這麼多怪脾氣，最後不只這一次生意做不到，甚至把我們公司列為拒絕往來戶。

在家中，我也不時會和親人、老婆發生爭執，也一樣要爭個是非對錯，可是對錯永遠搞不清楚，只會得到親情的撕裂與關係的緊張，我開始思考，是非對錯真有那麼重要嗎？

一個長輩告訴我，在家中，是講親情、講感情、講感覺的地方，不是爭是非對錯的地方，就算親人錯了，我們也要包容。爭對錯，只會讓親情出現裂痕。

而在工作職場上則是講究結果、講究關係、講究互動的，雖然也會講究對錯，但是會有太多模糊不清的情境，如果非要弄清楚是非對錯，只會讓職場關係緊張。

職場中唯一需要講究的是結果，是我們想達到什麼目的。我需要你配合，是講道理；逼迫你配合，是用權力。命令你配合，還是用溝通、引導你配合，還是用拜託、乞求你配合，只要結果合乎我的期待，是非對錯並不重要。

至於在日常生活中每天都在爭對錯，更是辛苦，要爭對錯，就要花精神、花力氣，甚至還要付代價，而爭來的對錯，只不過是無實質意義的面子而已。

我年長了，才學會「不爭對錯，爭結果」，似乎太晚了！

對的觀念

人生不要太在意一時的對錯，真正要在意的是結果，要做對的事，更要得到好的結果，如果只是對錯，通常無關緊要。

人難免自我感覺良好，覺得自己的想法、做法是對的，而別人則是錯的，問題是證明自己是對的，可是對結果並無具體的助益，那對錯只是一時的面子，誰對誰錯，又有何用？

因此人要爭的是結果，不是對錯，更何況自己的對，可能並非真相，而是自己的自以為是。

16 要不到與做不到

錯的行為

因「要不到」而痛苦，而生氣，而失控。
因「做不到」而挫折，而悲傷，而喪志。

人常被欲望驅使，或物質，或名位，也會努力去取得，可是如果努力之後仍然要不到，就會十分痛苦，或自怨自艾，或生氣失控，這不是好結果。

人也會要求自己做一些事，可是也會因為惰性、因為不能堅持而做不到，當我們做不到時，就會挫折，對自己失望，甚至因而徹底放棄。

五歲的小孫女是我快樂的泉源，她童稚的言語、天真的行為，我永遠無法從大人身上體會，這些都是未經修飾的人性，因此從她身上我也更深刻感受人性。

有一次我接她回家。她看到我十分失望，因為她預期是阿嬤來接。上車後，她一直要找阿嬤，我說等一下，到家就看到阿嬤了。她說：「我不要等一下，我現在就要阿嬤。」說完就大哭起來，我束手無策，只能開快車。我告訴她，妳哭也沒用，阿嬤不在就是不在，不可能立即就在。可是只要等一下到家，阿嬤就在了。可是她繼續哭，完全停不下來。

我原以為她在耍賴，後來發覺不像，她是真的傷心。她可能想要什麼就有什麼，因此養成了她的錯誤認知，以為一切都要得到，她應是為「要不到」而傷心。

事後我問她，為什麼哭？她說：「我想要阿嬤，而阿嬤不在，我忍不住就哭了。」

另一次她自承，她很想當個乖小孩，可是有時候就是沒辦法。言下有很多無奈。因為從四歲之後，我們對她就有許多堅持，不能這樣、不能那樣，為此她常吃大人的排頭，事後我問她：要不要當乖小孩，她總是眼淚汪汪地說要。而這一次她自承，她不是不想當乖小孩，只是做不到，她自己也很困擾。

我知道她正在經歷人生重要的學習過程，我要有耐性地陪她度過。

「要不到」與「做不到」是人生兩大課題。面對與管理這兩件事，是一生成功與失敗的關鍵。

我從小就知道「要不到」的真相，因為家境不佳，想要而要不到的事情太多了。媽總會說：你還小，現在沒有沒關係，以後要有本事，要什麼就會有什麼。

媽的安慰解決不了我的想望，我的解決之法是不看、不想並設法忘記，讓自己的想望變低，不想要，就沒有「要不到」的痛苦。這是我一生生活簡單的原因，痛苦也就少很多。

至於「做不到」，我的困擾就沒有那麼大，或許是因為個性好強，媽媽、老師說什麼，我都會想盡辦法做到，過程當然痛苦，也會歷經波折，不過最後終究會有圓滿的結果。我的結論是有決心，沒有「做不到」的事。「做不到」是因為自己內心先放棄了。

小孫女加油，要不到要忍，做不到要學、要試，不要放棄。

對的行為

控制欲望，想望少一些，要不到的痛苦就少一些；務實面對，不設定不可及的目標，做不到的挫折就少一些。

「要不到」與「做不到」是人生兩大痛苦之源，欲望太多，就會經常要不到；目標訂得太高，就會經常做不到。一旦要不到與做不到，心身都受折磨，要有效管理自己的欲望與目標，才能免受痛苦。

17 臉上常帶微笑

錯的外表

經常表情嚴肅，毫無笑容，一副拒人千里的樣子。

每一個人的性格不同，有人就經常面帶微笑，笑臉迎人；有人就面無表情，一張撲克臉；也有人就生來憂鬱，一臉愁容。每個人的表情，給人的感受都不同，也會形成不同的人際關係。

表情嚴肅的人，很難有好人緣，不會營造好的人際關係。

一個朋友提醒我，臉上要常保持笑容，因為當我不笑時，表情非常嚴肅，一副拒人千里的樣子。

老婆也說我：人過了五十，法令紋越來越深。當臉上沒有笑容時，感覺帶著殺氣，十分不討喜，令人覺得恐怖。

這些話我都只是聽聽而已，因為我就是我，我有必要刻意討人歡心嗎？

不過當我聽到一個主管向我反映，團隊中的新工作同仁，對我的一致印象是——很兇，常常一臉不高興，似乎整個團隊不論做得再好，我都不會滿足，是一個很恐怖的老闆。

有一次我找一些新進的同事開會，他們竟然嚇得前一晚失眠，緊張得不得了。

主管給了我一個衷心的建議：臉上可不可以常保笑容，這樣會讓我們公司的氣氛好一些。

主管這個建議我就不得不聽了，因為這關乎職場的氣氛，也關乎我與公司上下同事的互動。我期待能讓同事有一個更好的環境，而我就是那個破壞上班氛圍的關鍵變數。

我努力告誡自己：開會時要保持笑容，聽部屬說話、聽別人簡報要微笑；自己說話時，要微笑。當會議氣氛好時，要開懷笑；當會議嚴肅時，也要保持微笑；就算討論到令人生氣的議題時，也要保持一定的風度，不可有暴怒的反應。

這是很難的學習過程，我常常笑容保持不了多久，就不知不覺板起臉孔，直到又想起來，才再擠出一點笑容。而當部屬有不可思議的作為時，我更難保持風度，不過在發過脾氣之後，我至少知道要道歉。

走在辦公室中，我也告誡自己要常保笑容，面對迎面過來的同事要點頭示意。在電梯中，也可以和同事閒聊兩句，而不是自顧自想著事情，嚴肅的臉孔弄得同事不敢進電梯，進了電梯也緊張得手足無措。

我的這些改變，逐漸看到一些「笑」果，遇到同事，他們開始會主動問好，有的人甚至敢和我開一點小玩笑，我不再是那個令他們懼怕的老闆，也不再是那個只會要求業績的嚴肅老闆。

更重要的是開會氣氛變好了，主管們更能放膽提出自己的看法，討論也變得熱烈起來，不再只是我的一言堂，只聽我一個人說話。

同事告訴我：我的脾氣變好了，我更能體諒別人，他們也更願意投入工作，因為工作不再只是被我逼迫，而是他們發自內心的意願。我的改變，讓整個公司也因而改變了。

對的外表

臉上常帶微笑，就算心中有事擔心，也不要影響到外表的神情，仍然要隨時保持微笑，微笑會迎來好的人際關係。

我是一個不愛笑的人，而只要心中想事情，臉上的表情就不自覺嚴肅起來，嚴肅的表情，別人就感覺我在生氣，不可親近，所有的人都離我而去。

當我覺得需要改變時，我開始盡可能保持微笑，並學習如何笑，經常對著鏡子練習，從此我的人緣變好了，別人願意接近我，也願意和我聊天、說真話。

保持微笑，是好人緣的開始。

18 老闆和你想的不一樣

錯的觀念

老是用自己的觀點來看待工作、看待公司、看待老闆，因而覺得現實為何都和自己想的不一樣。

每一個人都有自己的觀點，也有自己的期待，可是現實環境不一定和自己的想法一致，我們可能會嘗試去改變環境，可是做不到，我們會挫折、會抱怨、會生氣，但也只能接受，只是永遠活在痛苦中。

我的團隊中有一個七年薪水漲七倍的主管，七年間從一個最底層的新進工作者，變成一個大事業部的主管，從他身上，我也學到了許多東西。

有一次他告訴我，在做任何事之前，他除了提出自己的想法之外，一定會再思考一下「老闆會怎麼想」，以對照「自己的想法」和「老闆的想法」之間的差異。

如果老闆的想法和自己的想法不一樣，就要再仔細思考「老闆為什麼會這樣想」，設法找出雙方想法差異的關鍵原因。

最後再讓自己接受老闆的思考角度和想法，盡量做到「把自己像老闆一樣想事情」。

他之所以會這樣做，是因為他剛開始工作時，曾經因為堅持己見，不聽老闆的意見，而受到極大的傷害。後來他發覺，老闆的思考角度和工作者截然不同，再加上老闆通常要為工作結果負完全責任，所以工作者當然要以老闆的意見為主，不應堅持己見。從此，他為了不再犯同樣的錯，就開始嘗試用老闆的角度想問題。

根據他長期的歸納，老闆和員工的想法在本質上有三大差異：

一、小我與大我。一般工作者遇到各種情況時，都是從自己的本位主義出發，想的是「我」，像是這件事我該怎麼做？為什麼該我做？做好這件事，對我會有什麼好處？做這件事我要花多少時間？

老闆想的則是「整體」，包括這件事該不該做？如果該做，該由誰來做？做好這件事，能夠為公司整體帶來什麼利益？

由於老闆想的是「大我」，因此就算「大我」與「小我」有衝突，工作者仍然要以「大我」為重，必要時要犧牲「小我」。

二、有做與做好。員工是受雇來做事的，覺得只要做了事，就算盡到責任了，心裡想的多半是如何做？有沒有做？做完沒有？要花多少時間做？要花多少人力做？

不過，這些都是做事的過程和方法，而老闆想的不只是這些，他更關心的是有沒有做好？能不能達到預期中的目標？老闆真正在意的是事情做完之後所得到的效益。如果只是做了事，卻沒有得到應有的效益，就和沒做事一樣。

因此，工作者不只要想如何做，更要思考成果與效益，才能跟上老闆的想法。

三、花錢與省錢。工作者做任何事之前，先想的是有多少錢可以花？錢越多越好，有錢好辦事！

但老闆想的是如何省錢，如何用最少的錢，得到最大的效益。任何多花錢的事，都是老闆的敵人。

至於省錢的考量，不只是執行工作時的花費，即使是公司日常的例行開銷、人事費、一般事務費、旅費、交通費……其實老闆都會盯著看。

工作者要習慣老闆和你想的不一樣，也要能掌握這些關鍵性的差異，才能工作順利，優遊職場。

對的觀念

學會換位思考，想完自己的觀點之後，嘗試換個角度，用對方的立場去思考，以理解對方想什麼？要什麼？會怎麼做？

工作者和老闆是既合作又對立的關係，有共同的目標要完成，可是想法觀念並不一致，工作者如果能用老闆的角度想問題，不只可以減少衝突，還可以獲得老闆的信任，得到最大的工作舞台。

其實工作者與老闆最大的差異是個人與公司，工作者想的是自己，而老闆想的是公司，如果工作者能把公司當成是自己的，就知道老闆心裡在想什麼。

第三部

學習歷程

19 我早就這樣做了！

錯的觀念

看事情輕描淡寫，想問題大而化之，聽建議簡單消化，逕下結論，我們早就這樣想過，我們也早就做過了，凡事未經深思熟慮，直接下簡單結論。

當聽到年輕人說：「這個我會了」、「這事我們早已想過了」、「過去我們曾經這樣做過了」、「這些話我們早就聽過了」，我都會懷疑他們真的會了、真的懂了嗎？

其實會說這些話正是不成熟的象徵，會的人不需強調自己會了，做出來手下自見真章，會說這話不是自以為是，就是掩飾自己的不足。

一位主管來請益，如何讓每下愈況的業績振衰起敝？聽完了他對現狀的描述之後，我按照過去的經驗，給他提了幾個意見參考。沒想到，他聽完我的建議之後，告訴我，「我們早就這樣做了！」

這樣的回答，讓我感到十分意外。對於他們實際的營運狀況，我雖然未必完全了解，但是也不至於太陌生，印象中，我不記得他們曾經做過類似的事情。經過仔細追問，才知道他們確實有嘗試過類似的做法，只不過稍一嘗試，發現效果不佳，就立即煞車停止，不敢再試。

我問他們，想不想再試一次？他們很懷疑上次的做法沒效果，再試一次會成功嗎？

我告訴他們，「好的創意，要配合好的執行，也要配合正確的時機，在天時、地利、人和之下，全力以赴去做，才會有好的結果。」

我再問他們，「你們上次的作為，是在正確的時機嗎？有配合徹底的執行嗎？」他們想一想，答不出話來。

根據我自己的經驗，解決問題的方法大概就是那些原則，只不過是在面對不同的情境之下，略做一些微調。因此，有些解決方法儘管看起來類似，但是實際深究之後，卻大不相同。

而且就算做法完全一樣，也會隨著執行者的不同，在執行的誠意、投入度，以及動用的預算上產生差異，進而影響最後的成果。所以，過去曾經用過的方法，如果沒有效益，不代表就一定不能再重複使用。

我經營雜誌這許多年來，深知期刊的行銷手法不外乎那幾種，只是每一種行銷手法的使用情境都不太相同，所以一定要在正確的時間點上、採取正確的手法，才會達到預期的效果，做早了、做晚了，都不會有好結果。

我也常看到許多同業因為沒有在正確的時機、做正確的行銷，以至於認為這是無效的創意，從此不再用，這其實是很可惜的事，永遠錯過了一個好的創意。

我當然知道，創意的原型就是那幾種，所有的作為，都是在原有的創意之上延伸發想、調整修正、觸類旁通之後，產生新的做法。嚴格來說，我們也不能說這是新創或者原創，在新創意的身上，我們都可以找到老做法的影子，所有的經驗都值得珍惜。

因此，每當我聽到別人給我建議時，不論這個想法我是否覺得受用，還是我早已想過，甚至已經做過，我都不會說出「我早就這樣做過了！」，我也不會說：「這我們早就知道了！」

我會仔細傾聽別人的建議，深入思考每一句話的意義，重新把所有的可能列入考慮。我絕不會錯過任何可能，因為老創意會衍生新想法，而解決問題的方法，可能就隱藏在其中。

對的觀念

任何建議，都有可借鏡之處，要仔細思考別人的意見，消化吸收，總是可以有所啟發，絕不可說「我會了、我懂了、我聽過了、我做過了」。

向別人請益一定要謙虛，要仔細傾聽別人的意見，而不是帶著先入為主的觀念，去評判對方建議的對與錯，更不可只聽表面就否定別人的意見，對別人說：「我們早就這樣做過了」，無疑是說：「這個主意太膚淺了，還有沒有更好的？」會令提供建議的人十分不舒服。

20 強迫自己有意見說出來

錯的做法

在公開場合，進行討論時，永遠保持靜默，做一個無聲的隱形人。

在公眾場合，能不說話就不說話；即使在公開討論時，也盡可能不要發言，以免因自己的意見不成熟，貽笑大方，更避免自己說錯話，而得罪了人，認為沉默是最好的明哲保身策略。

每次開會，我常要求大家發表意見，但通常只有少數主管能在職權範圍內發表看法。雖然我一再要求所有與會者都要發表看法，可是效果不彰，偶爾才有比較膽大的基層員工敢提出，每當這種時候，就是我發掘有潛力員工的機會，只要發言有見地，都會令我留下深刻的印象。

我發覺員工之所以不說話，並非他們沒意見、沒看法。而是認為自己地位不高，人微言輕，不敢發表；另一狀況可能是懷疑老闆集思廣益的誠意，覺得老闆並非真正重視員工的意見，因而即使有意見，也不願發表。當然也有許多員工，是因為對主題沒有自己的看法，而無法發表意見。

為了表達我是真心誠意願意聽取工作者的意見，每當有同仁願意發表意見時，我總是耐心地認真聽完，並對發表者予以肯定，同時也一再鼓勵大家有話說出來，不要藏在心裡，且明確表示：不要怕說錯話，也不用擔心意見不成熟，只要說出來都是表示對公司事務的關心和認同。但儘管花了這麼多努力，真正能發表意見的工作者還是有限。

在中國人的社會裡，靜默是常態，不隨便發言是不成文的規則。

我覺得這是非常不好的習慣，且對每個人的學習成長有極大的傷害，因此不論到任何一個地方，遇到任何人，我總鼓勵大家對事情一定要有意見，就算沒意見，也要強迫自己試圖歸納，有自己的看法，並在適當的時間，把想法說出來，看看別人的反應如何。

強迫自己有意見，是訓練自己對所有事情能認真地理解、消化、吸收，因為要在認真解讀、理解後，我們才會有想法。如對任何事都僅止於聽聽而已，我們不會知道事情真相，也不可能有自己的看法。

而要把意見說出來，又是種訓練，因為放在心中，我們不知道這個想法是否成熟、正確。說出來，就能聽到別人的反饋，而這些反饋意見，又能修正我們的看法，讓我們的想法更見成熟，也有助於我們日後能提出更有見地的意見。

該如何強迫自己有意見？最簡單的是詢問，對別人說法未盡之處，提出問題，引發互動，有助自己理解。第二是對別人的想法提出自己的分析、事證的延伸解釋，也有助於討論。

第三種則是真正發表看法，如果是認同別人的意見，就提出不同的認同論證；如果是不認同，就要提出反面的論證。

總之，強迫自己有意見，並說出來，是每一個人在成長中重要的學習歷程，把握機會發言吧！

對的做法

把握任何公開發言的機會，盡量陳述自己的意見，一方面訓練自己表達的能力，也培養自己對所有的事情，都能有看法、有想法。

公眾場合的表達能力，要不斷訓練，才能培養，開會時公開討論的場合，是最佳的磨練機會，只要把握重點，言之有物，順暢達意即可。

公開表示意見，也可強迫自己去了解每一件事，吸收、消化、整理，提出自己的看法，對自己也是思考訓練。

更何況公開表示意見，是展現自己能力最好的時機，可以給人留下深刻的印象。

21 同樣錯誤絕不二犯

錯的做法

對所犯的錯誤，不深入檢討，記取教訓，以至於不斷重複同樣的錯誤。

人人都會犯錯，錯誤在所難免，可是如果犯了錯誤，卻沒有記取教訓，深入檢討，一再犯同樣的錯誤，這種人永遠不會進步，也不可原諒。

有一次搭乘計程車，下車時我拿出皮夾付錢，同時又拿起兩三種隨身包，就把皮夾遺留在計程車上，丟錢事小，問題是皮包中的各種證件、信用卡，讓我煩了幾個月才終於搞定。這是一個極痛苦的經驗，我下決心不再犯同樣的錯。

我對自己做了一個要求，就是每一次下車前（不論搭任何車子），都要再回頭檢視車廂內，看看是否有遺留任何物品，確定沒有，才會關上車門離開，從此我再沒有遺失任何東西。

不只如此，我還延伸這個習慣。每次住旅館離開時，最後一定要把整個房間巡視一遍，從浴室、櫥櫃、書桌、床、床頭櫃，仔細檢查。同樣，外出吃飯結帳離開時，也要把位子四周巡視一遍。這個巡視的習慣，確保了在任何狀況下，我都不至於因疏忽而遺忘物品。

這只是生活中的小事，在工作中，我更是奉行「同一錯誤，絕不二犯」的原則。像是新創一本雜誌如果失手，一定要仔細檢討出失手的原因，並永遠記住這些原因，變成未來工作的參考。

同樣地，出版一本書，如果過不了平損，或與原來的預估銷售有極大的差距，也要徹底檢討，找出造成失手的原因，並且反覆驗證，確定這些原因是造成災難的真正兇手，作為未來絕不再犯的鑑戒。

人生就是不斷犯錯的過程，每個人、每天、每月都會犯錯，從最小的錯誤，隨口說錯一句話，以至於引起不必要的錯誤，到做錯一個決定，導致很大的傷害，甚至做錯一項投資，造成巨大的虧損，使公司萬劫不復。錯誤是人生的一部分，每一個人都要學會與錯誤共存。

人既無法免於犯錯，但卻可使犯錯減少，就是絕不再犯同樣的錯誤，雖然每一次犯錯的時空情境、劇情過程、傷害大小都不一樣，但是卻可以經過分析歸納，把錯誤歸類為各種不同的原型。如果人的一生會犯千萬種錯誤，經過歸納之後，錯誤的原型可能只剩下幾百種，如果我們再把每一種原型，按其錯誤發生的原因、過程及形式，經過仔細分析之後，再設定各種避免再犯的方法，作為未來行為準則，這樣雖然未必能做到永不再犯，但絕對可以大幅減少錯誤的發生。

舉例而言，說錯話是一種極常見的錯誤原型，而說錯話的原因，不外乎未經深思熟慮。要避免這種錯誤，只要要求自己在說話前，仔細考慮幾秒鐘、幾分鐘，絕不隨性開口，就可避免許多說錯話的情境。

所以只要犯了一次錯，就仔細思考，設定各種改善措施，仔細遵守，然後養成習慣，就可以避免再犯同樣的錯誤，達到「不二犯」的境界。

對的做法

犯錯之後，立即檢討犯錯的原因，並設定不再犯同樣錯誤的行為準則，以確保一過不二犯。

人類所犯的錯誤，通常可以歸結出犯錯的原因，也可歸納出不同的犯錯原型，因此只要找出犯錯原因，避免再出現類似的情境，就可以免於再犯。

其次針對不同的錯誤原型，也可以設定必要的檢查步驟，每當遇到同一狀況時，一定要經過此一檢查步驟，也可避免犯同樣的錯。

如果每犯一錯，立即改正，不再重犯，那麼犯的錯誤就會越來越少。

22 隨時切換上下班模式

錯的觀念

上班就上班，下班就下班，下班之後的時間，絕不處理公務，以免影響生活情趣及生活品質。

許多人抱怨，如果下班時間還要被公事打擾，這是極不應該的事，下班時間就要淨空，完全不處理公事，一切等到上班時間再做，問題是，在上班時間，我們就百分之百在處理公務嗎？

年輕時候當記者，白天上班時是記者的自由採訪時間，只有晚上要回報社寫稿、交稿。大多數的時間自己安排，白天你可以做自己的事，也可以去採訪。而就算休假日，如果有事，你也要隨時應召去工作，這樣的工作性質養成了我非常特殊的工作習慣，那就是我沒有正常的上下班時間，可能隨時都在工作，也可能隨時都在休息，我很習慣「隨時切換上下班模式」，只要轉個念頭，我就可以從休假立即開始工作；我也可以在工作中，立即轉成休假模式，上下班對我而言，完全沒有任何分野。

最近台灣媒體上常探討一個問題，因為手機通訊軟體的盛行，工作者在下班後，常會接到主管指令，弄得所有工作者感覺隨時都在上班，完全無法擺脫工作的陰影，認為這是極不人道也不合理的事情。

我很能理解工作者無時無刻不被召喚，所感受到的心理壓力，可是我也要鼓勵所有工作者能學會「隨時切換上下班模式」，因為這是一個非常有效率的工作習慣，也是工作者和獨立創業者最大的不同。

以現在數位化的工作環境，工作者上班只要坐在電腦前面，就代表在上班，但真的在上班嗎？只有天知道，可能在上網買東西，可能在聊天，可能在看不相干的事，這些都是我在上班時常做的事。所以我也很誠實地認為，既然上班時可以雲遊物外，因此下班時，如果也需要偶爾處理公務，這也就不足為怪了。

既然上下班無法做絕對的切割，那對工作者而言，就要學會「隨時切換上下班模式」的能力，要在最短的時間內立即轉換工作心境，隨時可以立即進入上班模式，也可以隨時進入下班時的休閒心境。

這絕對是最有效率的工作方法，我常在休假時，因為看到某件事，而得到工作上的啟發，這時我會立即進入上班模式，把這件事情想透，必要時還會拿出筆記本，隨時記下處理心得，以作為日後工作的參考。

我常在休假時，順道拜訪客戶，處理公務，也常在公事出差時，抽空去遊樂一下，我寫過一篇文章〈真公濟私，有何不可！〉，就是說在出差時可順道請假旅遊各景點。這些都說明了公私之間有千絲萬縷的糾葛，無法明確切割上、下班。

臉書的創辦人祖克伯（Mark Zuckerberg）說他自己幾乎隨時都在上班，這也是所有創業者共同的特質，創業者賭的是創業的成敗，自然沒有下班後不做事的自由，他們無時無刻不在為公司努力，隨時想的都是創業之事，而他們何時下班休息呢？他們的方法靠的也是「隨時切換上下班模式」，在日常生活的空檔偷閒休息一下，所以這也是工作者與創業家最大的差異所在。

所有的工作者當然可以要求下班，可是學會「隨時切換上下班模式」是傑出工作者的必備能力。

對的觀念

上、下班其實只是心理情境的轉換，只要調適得宜，隨時可以切換上、下班情境，這樣可以保持極高的效率。

上、下班本來就是分不開的，上班的時候也可能在聊天辦私事，下班時間可能也需要處理緊急的公務，因此想要絕對切割上、下班時間，有其困難。

因此最好的方式是隨時轉換上、下班情境，下班時間如果遇到與公務有關的事，可以隨時處理，上班時間有必要可以處理私事，能隨時切換上下班模式的人，可以善用所有的時間，以達成最佳工作效率。

23 隨時學習備用智慧

錯的做法

學習之前，先問有什麼用？凡是現在無法說出立即有用的事物，完全拒絕學習。

學習通常是費時耗日的，也是痛苦的，因此學習時只選擇立即用得到的事物，只有明確知道有用才要學習，這是大多數人的通病，這樣的學習具有極高的針對性，但也有極大的侷限性，無法廣泛吸收各種知識，也不會快速增加自己的能力。

有人問我，打電腦用什麼輸入法？我回答：「祕書輸入法。」因為這輩子還沒學會使用鍵盤，只能把文章寫在稿紙上，再交由祕書打字、輸入電腦。電腦是我一生的罩門，我永遠是個電腦白癡、電腦的門外漢。

只是上天和我開了一個玩笑，自從這世界有了網路，我所從事的內容生產行業，就與電腦結了不解之緣，數位化成為內容產業的未來，已經有近二十年，我每天要與電腦奮戰，只是到現在為止，我仍然是個不會使用電腦的人。

我不會使用電腦，但我不能不懂電腦，我的團隊必須大量使用電腦，所以我不能成為電腦的門外漢。我必須隨時隨地強化我的電腦相關知識。

我經常會問一些奇怪的問題：IE是什麼？XP是什麼？作業系統是什麼？程式語言是什麼？HTML5是什麼？我的同事隨時都必須回答我不可思議的奇怪問題。

我也必須隨時跟上時代的腳步：雲端運算能做什麼？行動定位服務（LBS）能做什麼？大數據有什麼用途？我幾乎讀遍了所有相關的書，讓我自己變成一個能趕得上時代腳步的人。只不過我仍然是一個完全不會使用電腦的人。

說我不會使用電腦，並不完全正確，我只是不會打字，但我可以用手寫輸入，只是很慢。我會使用行動載具，因為行動載具有很簡易的使用介面，專門給不懂電腦的人使用，也因為這樣，我勉強跟上了時代的腳步。

這是我一生的工作習慣，對某一項知識，我可以是外行，但是我不能不了解這項知識如何改變世界，也不能不了解這項知識能做什麼？對某一項專業，我可以不會，但我不能不了解這項專業的用途及基本原理，因為我的工作、我的公司可能必須用到這項專業，那我就得了解這項專業的基本知識。

我隨時都在學習可能用得著的「備用智慧」，就像我理解電腦一樣，我隨時隨地問各種入門而不可思議的電腦問題，然後根據對方的回答去理解，並變成我能使用的一部分。

人為什麼會受限？因為我們遇到不會的事就認定這是不會的事，就拒絕去理解、去學習。或者遇到不懂的事，就認定這是未來用不到的知識，因而不用學習，那這些領域，就變成自己永遠的禁忌，也變成自己不可能改變的缺憾！

我假設任何知識，都可能是未來用得著的「備用智慧」，我會掌握任何可能的情境，隨時隨地、或多或少學一點。只要有機會，我都會問問題，然後記住這個問題的答案，這都有助於我未來更深入理解整個問題的全貌。

這是我知識廣博的起點，因為我隨時隨地學習可能的備用智慧。而對於可能用得著的智慧，我更是努力地深入定向學習，至少要做到：不會用電腦，但對電腦的知識絕不陌生！

對的做法

對任何事都保持高度的興趣，只要有空，廣泛地接觸各種知識，努力學習備用智慧，以備他日不時之需。

「書到用時方恨少」，許多事當我們面臨時，才會知道我們缺什麼，有什麼不足，這時我們只能針對性地去快速學習。要減少這樣的遺憾，就要破除學習的針對性，不侷限在明確有用，才要學習，更要努力地隨時學習各種備用智慧，把自己變成一個能力多元、知識廣博的人。

24 不要問答案，要學會找答案

錯的觀念

這件事我不會做，去找人請教吧！這個問題我不懂，去找人問吧！這件事很複雜，就讓主管來決定吧！

人生中難免會遇到不會做的事，也難免遇到不懂的問題，去找會做的人，去找懂的人問，這是正確的作為。可是如果這件事沒人會、沒人懂，那我們就只好自己找答案，因此我們如果只知道問答案，而不會自己找答案，我們就不是一個能獨立自主的人。

辦公室中隨時都會遭遇各式各樣的問題，每當面臨問題時，所有人都可以劃分成兩種人：一種是「問答案」的人；另一種則是「找答案」的人。

我告訴公司裡的人，我辦公室的門隨時都開著，歡迎所有同事進來商量問題、討論問題。不過，進來之前要有心理準備，我永遠不會給他們標準答案。

很顯然地，我要所有的同事戒絕問答案的習慣，要他們成為有能力找到答案的人。

年輕的時候，我沉湎在不斷給答案的樂趣中。當部屬遇到問題，前來尋求我的協助時，我經常直截了當地提出解決方案，看著部屬滿意地離去，我也沉浸在自己英明神武的快感之中，似乎我無所不能，還能夠快速解決問題。

然而，日子久了，後遺症逐漸產生，因為問題越來越複雜，我不見得都有明確的答案。這時候，集思廣益變成必要的過程，可是在與部屬討論的過程中，我發覺他們完全沒有思考能力，也缺乏分析判斷的能力，導致原本集思廣益的討論，最後還是變成我一個人的一言堂，還是只有我一個人有能力解決問題。部屬變成了只聽命辦事的執行者，我把他們都變成只會問答案的人，完全沒有自己找答案的能力。從此之後，我決定不再給答案。

我要求所有的人帶著問題來找我討論，也要帶著自己對問題的思考與分析前來，更重要的是要帶著自己明確的解決方案來。我只是參與討論，協助他們反覆辯證各種論點的利弊得失，最後還是要他們自己決定。

我們過去的教育教出了一群習慣問標準答案的人，遇到問題就到處問人，有答案，就會做事，問不到答案，就喪失做事能力。但是，好的工作者一定要有能力自己找答案，在沒有地圖、沒人指引之下，從沒有路中走出一條路。

學會找答案，有一套標準的流程可循：一、先界定問題的核心。二、根據問題的核心，廣泛地蒐集相關訊息，以了解整個問題的來龍去脈，並確認問題發生的原因。三、提出解決問題的假設方案。一般而言，最多可以有三種。四、檢驗假設方案的可行性及能否真正解決問題。五、選擇正確的假設方案，付諸實施。

在這套過程中，最重要的是「界定問題」及「提出假設解決方案」。

越是複雜的問題，通常包含各種「主要問題」以及各種「次要問題」。在眾多的問題中，可能只有一、兩個是真正的核心問題，問題的解決，通常也要從核心問題下手。因此，界定核心問題是解決的關鍵。

而提出解決方案，則需要有創意和想像力，要能跳脫制式化的線性思考才有可能想得到。

把自己從一個只會問答案的人，變成能自己找出答案的人吧！

對的觀念

成為一個會問答案、也能夠自己找答案的人。面對問題，要訓練自己成為一個能自行找出答案的人。

面對問題的時候，一定要先認定自己能獨立解決，並嘗試去解決，這是找答案的第一步，接著試著自己去拆解問題，找出問題發生的原因，把問題徹底解構，如果可能，把問題拆解成幾個小問題。然後再嘗試提出各種解決方案。接著一一檢驗這些解決方案的可行性，最後再擇定最佳的解決方案。

這是一套解決問題的流程，當我們嘗試自行解決問題時，一定有一些關鍵無法想透，這時就這些無法參透的關鍵，去找專家詢問解決，這樣就不是直接問答案，而是尋求協助。

絕不直接問答案，要先建立自己解決問題的能力。

25 用不一樣的方法做一樣的事

錯的態度

每天面對一成不變的生活、一樣的工作，只覺得了無生趣，卻不知改變，也不嘗試改變。

穩定的生活、穩定的工作，很容易陷於無聊，這時候如果只是持續一成不變，不嘗試做一些改變，生涯會陷入瓶頸。

在一場演講後，一位先生提問：他已四十歲，是一家公司的中階主管，他服務的公司是一家傳統製造業，所生產的產品數十年如一日，毫無改變，雖然目前生意還過得去，但是他自己卻覺得了無生趣，因為每年都做一樣的事，每天也都做一樣的工作，他想改變，但又沒有勇氣辭職，問我該怎麼辦？

我不能給他任何生涯規畫的意見，不能叫他走，也不能叫他留，這要他自己去決定，但是對他每年面對一樣的事，每天面對一樣的工作，我倒是有方法讓他過得有趣一些。

我的方法很簡單，就是嘗試「用不一樣的方法去做同樣的事」。

用一樣的方法做一樣的事，這是最順其自然也理所當然的事，當然會覺得無趣，因為一切一成不變，可是也可以有不同的思考，那就是改變工作方法，要改變方法之前，先要設定工作目標，有了目標，要改變才有方向。

每個工作做久了，自然就會產生既定的工作流程，甚至會有標準化的步驟，但是流程方法還是可以變的，如果我們設定了一個工作目標，要改進工作流程，讓工時減少一〇％；或者設定一個工作目標，要讓完成每單位工作的成本降低一〇％，只要有這樣的工作目標，我們就會啟動思考，引起改變。

要達成降低成本與減少工時的目標，我們絕對不可以再用一樣的方法，這時候我們就面對新的挑戰，必須解構現有的方法，重組工序、步驟，產生實驗，看看會不會改變時間與成本。

如果這樣還不行，那我們就必須有更大的創新，甚至要完全放棄原有的方法，看看能否改變。一旦我們設定了新的工作目標，我們的工作就不會再一成不變，而是會被逼著改變，不但會產生新的工作樂趣，也會得到不一樣的成就與滿足。

降低一〇％的工作時間，是降低成本；降低成本，也就是提升工作效率，這兩者都是對組織有效益的事。

經理人會面臨每天做一成不變的事，通常是組織對現況無奈，產品無法升級、無法改變，市場結構也不變，甚至可能正在變小，因此能維持現有的營業規模已是萬幸，自然也不會有新的策略，只能讓經理人持續做一樣的事。

而經理人如果能自我要求，「用不一樣的方法去做一樣的事」，從工作的執行面產生降低成本，或提升效率的事，對公司而言，這絕對是求之不得的好事；對經理人而言，則會因面對挑戰，而學習、而成長、而產生更高的自我實現。

每當公司停滯不前時，我就會自我要求，嘗試用不同的方法去做一樣的事，給自己設定不同的挑戰目標，也讓自己保持對工作的熱忱，同時也試著去改變公司所面臨的困境。

好的經理人是在公司一成不變時，會自己尋求改變，不要楚囚相對，一事無成。

對的態度

在生活及工作上，要不斷尋求改變，有改變才會進步，生活才會有樂趣，生涯才會成長。

人生一定要不斷尋求改變，如果職位、工作變動，就要快速去適應，而如果職位、工作不變，則應在工作內容及工作方法上尋求改變，改變是為了讓工作效率更高，更快速完成工作，得到更高的品質，嘗試用不同的工作方法吧！

26 別犯低級錯誤

錯的習慣 做大事小心謹慎，做小事大而化之，不重視簡單的基本動作，以至於常在小事上出錯。

這是許多工作者常犯的錯誤，在無關緊要的小事上犯錯，在細節上疏忽，表面上這並不是大錯，可是這隱含著一個人的工作態度，在小事上會犯錯的人，即使大事會小心，但仍存在著不嚴謹的犯錯因子。

小事犯錯是不可原諒的低級錯誤，小事會犯錯，大事更會犯錯，要戒絕錯誤，必須從小事開始。

一個同事在開業績檢討會時，檢討的報表把前月的業績萬元誤植為千元。

一個團隊在對外的一次投標時，把標書中的公司資格資料中，漏蓋了公司章，以至於在資格審查時，被視為不合格而剔除。

一個編輯在提報新書提案時，新書書名空白，理由是還沒想出一個最合適的書名。

每天在工作中，我都會發現我的團隊有一些不可思議的錯誤，雖然都是些小錯誤，也許也無關緊要，不傷大雅，可是這都會引起我極大的不滿，因為這是工作中很「低級」的錯誤，理論上這些錯誤只要夠細心，都應該可以避免，可是類似的錯誤卻層出不窮。

表面上這種錯誤只是小事，可是如果在關鍵時刻犯這樣的「低級」錯誤，可是會引發可怕的災難。

像投標書漏蓋公司章，如果這是極重要的一次投標，事關公司全年業績的達成，那麼這樣的錯誤就絕對不可原諒。

我曾有因為一次低級錯誤，而致滿盤皆輸的慘痛經驗。有一次我正在與兩家國外客戶商議合作，這兩個客戶互為競爭對手，談判的過程中，我不敢讓他們知道我在玩兩手策略，而擺出誠意十足極想與他們合作的樣子，過程也尚稱順利，兩家都有可能談成。

可是到最後我只能選擇一家，於是我寫了兩封信，一封是告知合作達成，一封則是謝絕合作，分別寄信給兩家公司，可是工作人員不小心，把信放錯了，這兩家公司收信後一頭霧水，最後終於知道我在玩兩手談判的把戲，兩家公司都大怒，不論我再如何解釋，合作案就告吹了！

這就是低級錯誤引發的大災難，從此我完全不能忍受低級錯誤，要設法禁絕公司內的低級錯誤。

我要求每一個主管要重視且全力防範低級錯誤，對提出來的報表，要再三檢討、檢視，一定要完全準確。也要求每一個主管對每一項工作要訂定SOP，按照標準作業流程執行。對犯了低級錯誤的同事更要嚴厲譴責，不得再犯。

我知道只要求主管還不夠，「低級錯誤」通常來自基層工作者，所以我只要有機會面對所有員工，一定會要求每一個人都應該禁絕低級錯誤，因為這代表一個人的工作品質，也代表你是不是公司值得培養的人，一個會犯低級錯誤的人，能力再強也無用武之地。

雖然這樣嚴格要求，可是公司中的低級錯誤卻仍不斷發生，低級錯誤是工作者永遠的敵人。

對的習慣

要嚴格規範所有的基本動作，不放過任何細節，一切照流程運作，養成對任何事都嚴謹以對的態度，並成為習慣。

人要養成不犯錯的習慣，就要任何事都遵守規定，精準執行，從小事、細節都必須嚴格要求不犯錯，養成習慣，大事也才能不犯錯。

不犯錯來自對任何事都嚴謹的態度，並進而形成嚴謹的習慣，不分大小事都必須嚴謹，小心應對，從不犯小錯進而不犯大錯。

第四部

能力培養

27 知識、技術、天賦、體力

錯的觀念

有人強調知識的學習，不斷透過進修，以得到知識。有人非常強調實務經驗，認為只要懂得工作實務，就能做好事，這都是不對的事。

每一個人都想成為有能力的人，有的人從讀書、學習、進修下手，不斷地接受教育，以得到知識；也有人從工作下手，不斷地在職場中歷練，也學到技術，其實知識與技術都只是能力的一部分，都必須具備，才是一個有能力的人。

但如果要成就最高的境界，光有知識與技術，也還是不夠。

一個大學商管科系的畢業生，學業成績良好，學有專精，擁有豐富的商業管理的學理知識，這種人是否具備良好的能力？

另一個人沒受過良好的教育，就投入實際的工作，經過幾年的實務歷練，也學會了一身技術，知道怎麼做，能完成工作，會解決實務的問題，這種擁有實務技術的人，是否具備良好的能力呢？

知識和技術，都是能力的要素，只擁有知識、缺乏技術，空有知識，無法有效完成工作。只擁有技術、會做事，但只知其然不知其所以然，只會透過實務的試誤，在實踐中慢慢提升工作的技術，如果能再接受知識的洗禮，了解技術背後的學理，就能夠透過研究分析，解讀其中道理，進而開創出更高的技術，快速提升技術水準。

知識與技術是能力的兩隻腳，一個人同時擁有知識與技術，就可以透過學理與實務的相互碰撞、啟發、創新，得出更高的解決問題的能力，進一步提升工作的成果。

擁有了知識與技術，就代表擁有能力了嗎？不全然，擁有知識與技術，仍然只擁有了最基本的工作能力。

圍棋史上傳奇的大國手吳清源，一生創下了無數紀錄，也徹底改變了日本的圍棋生態，他是近代圍棋的開創者。他從小學棋，立即展露了天分，喜歡記棋譜，看完棋譜過目不忘，證明了他對圍棋具有異乎常人的天賦，後來東渡日本學棋，打敗了無數高手，吳清源的圍棋能力，不只是學來的，也不只是不斷練習得來的，他的圍棋天賦占了極大成分。

由此可見，要成就最高的能力，除了學習得到知識，實務練習得到經驗技術之外，如果能證實自己在這個領域中擁有天賦，這也是提升能力必須仔細探索的。

一個人必須努力探索自己的天賦，找到自己真正適合做什麼事，才能成就自己能力的最高境界。

有了知識、技術，而從事的工作又是自己的天賦，就代表自己能得到最高的成就嗎？

也不盡然，這樣的人如果缺乏很好的體力，沒有健康的身體，空有一身的本事，也無法全力投入工作，自然不會得到最高的成就！

一個人必須要擁有健康的身體，才能全力投入工作，這樣還不夠，還要有過人的體力、體能，才能負荷較諸常人更重大的勞力投入，才能達到更高的成就。

因此除了知識、技術、天賦之外，還要適度的運動，這就是為什麼無數成功的人士，都會培養一至兩項以上的運動興趣，在工作之餘，也會長期投入運動，慢跑、馬拉松、騎自行車、登山、高爾夫，都成了成功人士的最愛。

要成就自己一生的最高境界，知識、技術、天賦、體力缺一不可。

對的觀念

人要充實知識，也要學會實務，還要有過人的體能，才能成就不凡的事業，但如要達到最高境界，還要有天賦。

光懂知識，可能不知如何做事，只會技術，也不知如何改進，一定要知識與實務技術配合，才算是有能力的人。可是有能力的人不一定能成就大事，必須要加上有過人的體力，能應付長期的辛苦工作磨練，才能有成。

可是如果還要探索最高境界，那就要再加上有與生俱來的天賦，因此每一個人都應探索自己的天賦何在。

28 隨興、從權、習慣、背離：沉淪四部曲

錯的習慣

生活不拘小節，不戒小惡，眾人聚會一時興起，偶一為之，從此開始沉淪，最終小惡成習。

人的生活上有許多習慣，遠離為佳，如抽菸、酗酒、打牌等，許多人立志不為。可是眾友朋聚會之時，偶或隨緣為之，從而破例；之後若有應酬場合，為配合客人，也從權為之，終而日久成習，背離不為之初心。

我曾經不抽菸近兩年整，當時我答應女兒，只要她懷孕，我就不抽菸，從她確定懷孕，一直到小孫女週歲，我真的都沒抽菸，當時我洋洋得意。自詡戒菸成功，深以自己的決心與毅力為傲。

可是後來我又抽菸了。當我自覺已經遠離香菸，以為我能自制，因此在大陸活動時，遇到有人熱情奉菸，我也就隨緣接受，領受一下吸菸同好間的親密歸屬感，從不願嚴詞拒絕，隨興、隨緣接受，接下來就是「從權」，有時候真的有些客戶或我需要在意的對象，我必須以抽菸拉近距離時，我的第二個理由出現了——從權便宜行事，偶爾抽抽菸。

接下來，從權的機會越來越多，因為我不斷擴大從權的理由與必要，一旦範圍越大，菸越抽越頻繁，我抽菸的習慣就恢復了，不再抽菸的承諾也背離了。我徹底又成為香菸的俘虜。

在抽菸上，我清楚見識了一個人「沉淪」的過程：隨興、從權、習慣、背離，就是人類背離承諾，成為撒旦俘虜的「沉淪四部曲」。

我相信人性本善，沒有人生來就是壞人，而且許多事，我們從小就被教育成絕不可做的「惡事」，如說謊、偷竊、貪污、背信……可是如果我們午夜夢迴，捫心自問，我們真的做到了嗎？如果我們還會自問、自我檢視，代表我們良知未泯，可是在日常行為中，我們極可能已經背離。

如果我們知道慚愧、害怕，那代表我們還沒真正養成惡習，仍停留在「從權」，偶一為之的階段。可是一旦偶一為之，我們極可能從中得到好處，其「效益」會使我們持續為「惡」，就難以回頭。

至於沉淪的四部曲中，最輕微也是最關鍵性的一步，則是第一步——隨興。任何惡事、惡習剛開始都是輕微的，輕微就是小事，小事我們就可以不拘，有人還會有「做大事不拘小節」的想法，所以人生不需要太嚴肅、不需要太拘謹，偶爾放縱一下，也是一種瀟灑，不要把自己弄得太緊張，我隨興的重抽第一根菸，其實已經注定了沉淪的命運。

大多數人對自己有過度的自信，相信自己能停在偶一為之的隨興，因而跨出沉淪的第一步，如果還找到「從權」的理由，那日久成習，背離正道已無可免。

不可隨興、不為小惡、絕不從權，才能免於沉淪。

對的習慣

下定決心不為之事，不論在任何狀況絕不偶一為之，偶為之例已開，就如江河決堤，一發不可收拾，從此染上惡習。

人生要遠離各種惡習，一旦下定決心，就要永不為之，所有的沉淪都從「偶一為之」開始。

絕對不要相信一個人在偶為小惡之後，還能永遠維持不再為之，有一就有二，有二就有三，無三不成禮，必然從此成習。錯誤的第一步，是自我永遠的背叛。

29 樂觀面對三種職場測試

錯的觀念

在職場中，只要遇到各種考驗，就痛苦不堪，難以忍受，沒有信心去面對解決，甚至萌生換工作的想法。

對工作沒有積極的看法，認為上班只是領一份薪水，只要日子好過就好，不求進步，也不願意面對困難，當工作中出現考驗時，就想盡辦法逃避、推託，不願意積極面對解決，只期望在組織中做一個平凡無聲的人。

人在組織中工作，從陌生、不了解到熟練，要歷經各種考驗，每經歷一種，工作者的能力就會大幅成長。其中最典型的考驗有三種，工作者非但不能拒絕，還要主動尋找機會接受考驗。

第一種考驗是密集工作的「壓力測試」。初入職場時，組織通常會給一個適應調整期，屬於新手上路前的學習階段，工作者有時間學會相關的工作技巧，可是一段時間之後，一定會面臨工作高峰期的「壓力測試」。

進入工作高峰期，面對在同一時間接踵而來的工作，工作者不但必須學會同時處理許多事，還必須學會用最短的時間完成每一件工作，又要保持工作品質不能出錯。如果在正常的上班時間內不能完成，往往還要加班應付。

「壓力測試」會不定期地來臨，工作總有尖峰與離峰期，面對尖峰時，考驗的就是工作者的速度，以及對工作熟練的程度。

第二種考驗是「難度測試」。工作的難易有別，工作者一定經常會遭遇困難的任務，這種任務可能是工作者全然陌生的事，也可能是極其重要的大事。面對困難的事，工作者需要發揮想像力，從已知的資訊中抽絲剝繭，一點一滴找到正確的解決方法，然後一步一步去完成。

「難度測試」考驗的是工作者學習及摸索的能力。一般情況下，工作者會感到困難的工作，代表他不會做或沒做過，而其解決方法，不外乎自立找答案、向他人請益，或是從書中學習。有人可以請教、有書可以參考，還算是比較簡單的方法，但最後都逃不掉要自立思考、摸索、適應、學習。

每經過一次「難度測試」，工作者的能力就會大幅提升。

工作者的第三種考驗是「規模測試」。每一件工作都有規模大小之分，最典型的規模指標是動用金錢的預算，指工作者曾經動用資金的額度多寡。組織中的權限管理，通常也是用資金的規模來區隔，每一個工作者或主管都會被指定使用資金的額度，每一次擴大使用資金規模都是一次考驗。

另一種規模則是帶領團隊的大小：五個人、十個人、三十人、一百人……每一種規模都代表了不同的工作責任與託付。

規模測試通常會由小至大，不會一次大幅放寬，而每一次擴大的測試也都會有觀察期，以考驗工作者適應的程度。

以上三種測試都是職場工作的必經階段，也是工作者成長的考驗。這三種測試會不定期交替出現，每一次出現都代表了工作升遷的可能與機會，所以工作者面臨這三種測試時，都應該樂觀、正面以對，設法圓滿通過考驗。而如果工作中長期缺乏測試，代表工作進入瓶頸，工作者應主動尋求機會，接受各種測試。

對的觀念

積極面對職場中的各種考驗，把考驗視為學習成長的機會，只要能解決，就會得到更大的工作舞台。

職場中每天都會遭遇各種考驗，工作者要視考驗為必要的磨練，積極去面對。

在各種測試中，又可以歸納為：一、壓力測試；二、難度測試；三、規模測試。壓力測試是忽然會湧出巨量的工作，考驗工作者能否在短時間，快速處理極大量的工作，這考驗工作者的應變力與熟練度。難度測試，則考驗工作者能否解決困難的問題，看工作者是否能面對複雜的問題。而規模測試，則考驗工作者能否勝任更大的工作空間與帶領更大的團隊。每個人都應樂於接受測試。

30 是要求不合理，還是自己能力不夠？

錯的觀念

一味地抱怨工作的要求不合理，也不知檢討是否是因自己的能力不足，以致趕不上工作進度。

許多的職場新鮮人，對組織的工作要求，常覺得趕不上進度，無法應付，因而產生抱怨。一相情願地認為組織的要求太過分、主管的指令不合理，從不檢討自己的能力，也不比較一下其他資深員工的工作速度，讓自己永遠處在痛苦的煎熬中。

電梯中聽到兩個小女生的對話：

甲：我的老闆要我交兩個小時演講的逐字稿，竟然只給我一天的時間！

乙：這真是太過分了，完全不知人間疾苦。

甲：你知道一秒鐘可以講多少個字嗎？兩個小時下來少說也有一萬多字，我告訴老闆至少要三天時間我才能交出來，最後他給了我兩天時間，這還是太困難了！

接著兩個人開始抱怨說老闆只會下命令逼迫員工，工作者在人屋簷下，不得不低頭。

她們應該不認識我，否則不會在我面前說這些。我不禁回憶起當年初當記者的經驗，每天回報社都要交兩、三千字的新聞加特稿，多的時候還要寫到四、五千字，也是在三、四個小時內完成。就算做演講紀錄，兩個小時寫五、六千字，也是當晚要完成。

這兩個小女生寫一篇兩個小時的逐字稿，竟然認為要三天才能完成；被要求兩天交，還呼天搶地，這個世界到底發生了什麼事？

每一個人的工作節奏都不相同，有人快、有人慢，但是做任何事，都會有合理的時間要求，這合理的時間要求是按大多數正常的工作者所能完成的時間為準，不至於是用最幹練的工作者全力衝刺去做的時間為標準，也不會是用初學者一邊摸索、一邊學習的時間為準。換句話說，同樣一件事最快可以一天完成，最慢可能要三天，但正常的工作時間為兩天，也就是所謂的合理工作時間。

問題是每一個工作者程度都不一樣，有初學者、有正常人，也有超級幹練的熟手，以至於所需要的工作時間都不同。而就算是有經驗的正常工作者，也還有分別，有人手腳俐落、有人緩緩而來，所花的時間也完全不一樣。

作為工作者，一定要知道其中差異，讓自己在最短的時間內，從初學者變成正常工作者，再晉升為熟練工作者，最後提升為最好、最快的超級幹練工作者，這樣才能獲得主管的賞識，自己也能學會一身本事。

如果自己是不合格的初學工作者，面對主管合理的要求，因為自己能力不足，可能都會覺得困難。這時候不應請求主管寬限時間，而是應該全力設法完成。千萬不要因為自己能力不足，便認為主管的要求不合理。

另外，組織中也一定有正常的工作節奏，如果工作者的節奏較組織的正常節奏慢，這時候一定要設法改變，趕上組織的節奏，否則你的工作永遠會變成團隊的困難，變成每個人都要等你，拖慢組織的進度，這也是必須改正的問題。

對的觀念

只要進入職場，對組織的工作要求就要全力去達成，要不斷訓練自己成為幹練的工作者，能完成組織交付的任務。

在我剛進入職場時，我從來不敢質疑組織的工作要求，只要接到指令，便只能點頭稱是，並全力設法按進度準時完成，因此我付出了許多不眠不休、晝夜趕工的代價，可是也讓我的能力快速增加，成為組織中表現極為亮眼的員工。

許多職場新鮮人，只用自己的能力來衡量工作，因此會覺得主管的要求太不合理，卻不知道是因為自己是初學者，工作不熟練，所以進度慢，這種不熟練又不知自我檢討的工作者，往往是組織中被放棄的人。

31 守無可守，只能攻擊

錯的觀念

死守自己知道的知識，不願和其他人分享，認為分享會教會競爭者，而使自己喪失優勢。

每個人在工作上都會有一些自己領悟出來的獨門知識，許多人視這些知識為最高機密，不願和同事分享，更不願和同業分享，這是小氣與自私的行為，會使自己在組織中被孤立，也無法學到別人的經驗，因為其他人也會用同樣的態度和你相處，而使工作陷入互相防範的緊張關係。

我們的公司是一個獨立團隊的集合體，內部劃分為許多單一的小團隊，而小團隊又都是經營圖書出版，營運上的重疊、競爭在所難免，因此要在內部進行經驗交流分享，經常會遭遇主管的抗拒。

可是內部的經驗交流分享，明明又有極大的效益，於是我不顧相關主管的反對，舉辦了內部的經驗交流檢討會，每個月把所有的團隊集合起來開會，每個團隊都要把這個月所出版的書，以案例檢討的方式，和所有人一起分享。

第一次的分享會，有一個單位隱藏了許多具體的營運數字，經過我的再三過問，他們仍然不願公開，並表示這是他們的營運機密，希望我准許他們保留。

事後這位主管私下找我溝通，和我說明了不願公開數字的原由，他們告訴我，集團內有其他的團隊也開始經營與他們類似的產品，曾經有其他的團隊在同一個時間，也推出了與他們類似的商品，讓他們措手不及，因此他們懷疑是不是內部訊息外洩，所以他們對內部訊息及know-how公開，有極大的疑慮，他們害怕會因此引來更多的競爭對手。

我首先問他們，在內部的經驗分享會中，他們有沒有學到新東西？對營運有沒有幫助？他們回答是正面的，認為有幫助。

我接著再問：如果每一個人在分享時都遮遮掩掩，不肯據實以告，那能得到交流分享的意義嗎？答案當然是不能的。

所以我要求，絕對不可以有任何的保留，要對內部全數公開。

我看他們仍有疑慮，我知道他們仍然無法突破敵我意識的迷障，怕教會了兄弟姊妹，而引來更多的對手。

我說了我過去做出版的經驗，我常常找到新的出版暢銷類型，心想一定要保守祕密，不要張揚，可以好好吃獨食，可是事與願違，往往半年之後，其他出版社的類似競品就大量上市了，我查了又查，是否內部走漏了訊息？可是結果都是否定的。我們雖嘗試保密，可是競爭對手也十分敏感，他們也眼睜睜地看著市場，很快就察覺有新的暢銷類型出現，並且立即跟進。

我的結論是：市場訊息十分通透，想吃獨食是不可能的，對手會快速學習跟進，因此任何被動的防禦是無效的，企業經營的邏輯是「守無可守，只能不斷攻擊」。

我要求所有的團隊，只能不斷地向前看，不斷地創新，不斷地向前進步，不斷地攻擊，任何被動的防禦都只是枉然。尤其對內部，我們更應該無私地分享，讓所有的人都能進步，向上提升，不要敝帚自珍，故步自封。

對的觀念

知識在交流中互相啟發，能力在互相學習中成長，要樂於分享自己所發現的工作智慧。

在組織中的學習，來自於成員間的互動、交流、啟發。每個人都會有獨到的領會，好的組織會營造開放的互動情境，讓所有的人能分享彼此的經驗，每個人都應以開放的態度分享。

如果有人敝帚自珍，隱藏自己的知識，只會使自己自絕於團隊的互動，每個人對自己的能力要有信心，自己還會不斷學習成長，分享了今天的智慧，可是自己還會進步，又會學到新的競爭力，不要怕別人趕上。

32 別開電腦，五分鐘決勝負

錯的做法

做簡報，力求周延完整，以至於做出複雜的簡報檔案，需要長時間才能消化，完全未考慮受訊者可能沒耐性聽完。

工作計畫力求周延完整，這是必然的要求；可是如果要做簡報，就不能以周延完整來思考。聽簡報的受訊者，可能有各種不同的動機，周延完整的簡報不見得是他們需要的，如果一味地求周延完整，可能聽講者根本沒耐性聽完，簡報就要被迫結束，完全達不到溝通的目的。

許多人與我見面，一談起事情，經常就急著打開筆記型電腦，要讓我看電腦簡報。每一次我都要制止此一行為，我的理由是：我的眼睛不好，看不見電腦檔，先用嘴巴說明就可以，我會認真仔細聽。

雖然我要求不要開電腦，但常有人仍然堅持開電腦，可能是不看電腦檔說不清楚，但是我發覺更多人是離開了電腦檔就不知如何簡報，也不記得簡報內容，更記不得順序。

我不想看電腦檔的原因很簡單，因為複雜的電腦簡報極可能包括繁瑣的細節，而細節可能不是我需要知道的事，我只要知道重點——什麼事？需不需要進一步了解？要不要做？派誰下去了解追蹤？

而這些重點：通常我只要花五分鐘，聽對方的口頭說明就可以達到目的，因此我設立了一個談話的規則：五分鐘的口頭簡報，如果聽了覺得有興趣，那再仔細聊，否則會談就可以結束了，這是「五分鐘決勝負」的溝通法則。

在我還沒有訂定「五分鐘決勝負」的溝通法則之前，我常會陷入漫長的電腦簡報之中，經常電腦一開，沒有半個小時、四十分鐘停不下來，而且可能有很多是我不需要知道的細節。

所以我先訂了「談話絕不開電腦」的規則，要求大家都用嘴巴溝通，用嘴巴溝通就是用大腦思考，用大腦思考，大家就會邏輯清楚，表達就可簡明扼要，掌握重點，很容易達成共識。

有了這種五分鐘決勝負的談話經驗後，我對外所有的會議、溝通、簡報，都會把內容分成三個層次，第一個層次是一個二十到三十分鐘的簡報檔案，搭配口頭的講解，最多不超過三十分鐘，時間到一定要結束。

在完成這個簡報檔之後，分別再向下深入展開，更完整的補充說明，可以作為附件檔案，這是整個簡報最完整的全貌。

最後，也是最重要的，我一定要把整份簡報濃縮成五分鐘的口頭說明，而這個口頭簡要說明還要準備各種不同的版本，其目的就是要勾起聽講者的興趣，讓我們能進一步打開電腦檔案，以進行一次正式的簡報，這樣我們想做的事才有可能被接受，我們的想法和理念，也才有實踐的可能。

任何偉大的構想、周全的計畫，在推廣、實踐階段，一定要有「五分鐘決勝負」

的心理準備，要把整個計畫的價值、意義、創新及關鍵重點，濃縮成五分鐘之內可以說完的腳本，遇到任何人、任何場合，我們都可以把握推廣的機會，向所有可能的人宣傳，這五分鐘的開場，是一切可能的起點。

五分鐘的談話腳本，還要視對象的不同而更換版本，要以受訊者的興趣為念，從他們有興趣的角度破題。

一切成功的溝通，都從五分鐘決勝負開始。

對的做法

做簡報要針對受訊者的情境和需求準備不同格式、長短不一的簡報內容，有五分鐘的重點開場，有二十分鐘的進階簡報，還有更長的完整簡報，看對象的需求，循序漸進。

溝通要講究目的，簡報要看對象，根據不同的需求，提供不同的簡報檔案。

其中最重要的是開場的五分鐘，要把所有的重點、意義、價值，濃縮成會引起興趣的簡短內容，以爭取獲得進一步談話的機會，這五分鐘會決定整個簡報的命運。

要設法把完整周延的簡報，簡化為五分鐘的精彩內容，這是簡報的第一步。

33 創意是弱者唯一的致勝籌碼

錯的觀念

我們沒人、沒錢、沒品牌、沒資源，所以我們做不出成果是應該的。

有人有錢好辦事，這是工作中最常聽見的說法，有人有錢不只好辦事，還能做大事，如果這是真理，那請問沒人沒錢的小公司如何存活，他們就一定沒有機會了嗎？

沒人沒錢所以做不了事，這是大多數的工作者的通病，只能新亭對泣，楚囚相對。絕大多數的工作者都以此為藉口，在現實環境的壓縮下，只能苟延殘喘。

在我創業初期，公司很小，瀕臨倒閉，為了突破困境，我曾經召集核心團隊，希望集思廣益，想出一些對策，以做出改變。

可是核心團隊面面相覷，完全束手無策。一個同事說話了：「不是我們想不出對策，實在是因為公司一點資源都沒有，我們想做任何事都不可能。」

面對這樣的說法，我也急了說：「公司是沒人、沒錢、沒資源，但是如果我們實在想不出任何對策，我們就只能拆夥了。」我繼續說：「如果我們不想拆夥，我們唯一可依靠的是創意，用創意尋找可能，突破資源不足的限制。」

這是我當時在情急之下衝口而出的一句話——弱者唯一可依賴的是創意，用創意突破資源不足的限制，也用創意顛覆市場，改變環境。

在那一段辛苦創業的日子，我最熟悉的情境就是埋首鑽研，想盡各種可能，提出好的創意，想出好的企畫案，用企畫案去兜攏資源，去做我想做的事，然後讓公司一點一滴成長。

我和我的團隊就是在這樣的信念下，不斷地互相激勵、不斷地動腦，經常在無中生有，從一個創意想法開始，去結合外部的資源，然後把公司的業務推廣目的隱藏其中，用創意突破限制，達成目標。

人、團隊、資金、其他相關資源，是組織推動各項工作時必備的要素。當資金及其他配套資源充裕時，工作的推動相對容易，也很容易產生良好的績效。一旦工作者習慣了資源豐富的工作環境後，往往就忘記了人的力量，忘記了人才是產生工作績效最重要的要素。

人的力量是什麼？人有雙手可做事、有腦子可思考，用思考尋找創意，然後用雙手執行創意，這是企業組織做出成果，顯現績效的原型，只是在大多數的組織中，我們經常忘了這個基本道理，一旦我們的組織欠缺資金、缺乏資源，我們就不知道怎麼做事，而陷入束手無策的困境。

由於創業初期毫無資源可用的訓練，讓我充分體會「創意是小公司唯一的籌碼」。我很習慣不靠公司的資源做事；就算有資源，也要把資源放在一邊。假設沒有資源，而去思考、設法逼出自己的創意，一旦好的點子出現，再酌量用上一些公司的資源，務必極大化公司的資源使用效益，這樣就會得到最大的成果。

大公司、好公司待慣了的人，常常會忘記「人」的力量，也常常會忽視創意而陷入創意枯竭。說穿了，其實只是好日子過慣了所衍生的症候群罷了；只要重回沒有資源的情境，潛力就自然會被激發出來。

對的觀念

我什麼都沒有，可是擁有創意，好的創意，能化為行動，會得到好成果，會改變一切。

有能力的人會無中生有，最關鍵性的原因是，因為有好的創意，好創意能看見機會，把握機會，並化為具體的行動，進而獲得豐富的成果，這就是創意的力量。

小公司為何能變大，也是因為創意，因此一無所有的人唯一能相信的就是創意，能依賴的也是創意，創意是弱者唯一能改變現況的籌碼！

34 人捧人，越捧越高

錯的觀念

不懂欣賞別人的優點，看到別人有好事發生，就心生不平，嫉妒，甚至口出惡言，就陷入「人貶人」的惡性循環，造成人際關係緊張，大家一起沉淪。

人性難免比較，別人有好事，心中難免五味雜陳，他為什麼比我好？有什麼道理比我強？為什麼好事不發生在我身上？如果見不得別人好，就會把別人的好，歸結為運氣，甚至懷疑環境的評價不公，進而否定別人的好，這都是嫉妒之心作祟。

這種情緒藏於內心，則傷己；如發於外，則傷人，別人自然也沒有好話對自己，而陷入「人貶人」的惡性循環。

有的人看到認識的人有好的成就，第一個反應是：「他怎麼能做到這樣？為什麼我做不到呢？」

有的人看到同事做出好的成績、得到公司的認同，直覺的反應是：「我也有不錯的成績，為什麼公司就沒有看到我的成果呢？」

有的人就連看到社會上不相干的人有特殊的成果，也會心生妒忌，覺得不平，「為什麼自己曾經做的好事，卻沒有人知道？」

這些都是人之常情，看到別人的成果，就聯想到自己，喜歡拿自己去和別人比較。而自己確實也有許多類似的好事，並沒有得到外界應有的認同，因而心生不平，怨懟外界的不公，甚至還因此貶抑別人的成果，敵視這些有成就的人。

這樣的人很容易陷入人際關係的惡性循環：看什麼人都不順眼，不願意給別人肯定與認同，甚至還會出言貶損別人，使自己不自覺地陷入孤立。別人對他自然也不會有好話，在社會上變成「人貶人，越貶越低」的緊張關係。

這一切，都來自於內心的嫉妒與不平，也來自於與別人的比較，期待自己得到別人的認同與肯定。一旦沒有得到認同與肯定，就變成對別人成就的反彈，說出貶損別人的風涼話。

這種人，是職場中的大忌。在職場中，所有的人都是相互合作的共生共榮關係，一定要懂得欣賞別人的優點、讚美別人的成就，別人也就會不自覺地還給你掌聲，從而出現「人捧人，越捧越高」的相互拉抬現象。

對辦公室的部屬，他們是自己最親密的工作夥伴，所有的事情我們都要仰賴他們同心協力去完成。因此，不論遭遇到任何事情，一定都要正向肯定他們的貢獻與付出，他們才會有動機努力做事。

絕對不要因為有些人一時做了錯的事，就一竿子打翻一船人，否定了整個團隊的努力付出。頂多是針對個別工作者的個別行為提出檢討，切忌做人身攻擊，才不至於傷害團隊的和諧與士氣。

對長官，我們也應該正向看待。遇到能幹的長官是運氣，也是福氣，要心存感謝，也要適時適度地表達自己的謝意。

不要怕長官搶了自己的風采，因為我們所有的工作成果，長官都需要概括承受，自然所有的光彩也都會集中到長官身上。唯有認同長官的貢獻，他才會把功勞歸到部屬身上。把長官捧得越高，部屬也才會水漲船高。

至於辦公室平行的同事，彼此之間或許有競爭關係，但工作上卻是協力夥伴，所以應該嘗試去欣賞對方的能力，要廣結善緣。遇到問題，互相支援、分擔；有好成果，互相肯定、分享，這樣才會得道者多助。

正向看待職場中所有的合作夥伴吧！只有「人捧人，才能大家越捧越高」，才會出現正向的人際關係循環。

對的觀念

為別人的好事鼓掌吧！要欣賞別人的優點，絕對不要去否定別人的好事，頂多激發自己「有為者亦若是」的上進之心。

在合作創業的過程中，我通常都扮演內部運作的角色，創業成功之後，我的夥伴常代表公司對外發言，創業成功的光彩多聚集在他身上，有人問我，你也是共同創辦人，為何光彩都在別人身上？我笑一笑，角色不同，他主外，我主內，有何好計較？可是我內心真的毫無不平嗎？其實未必，只是我知道嫉妒、計較，只會節外生枝，改為欣賞創業夥伴的優點，認同這樣的合作關係。

要壓抑內心的嫉妒，欣賞別人的優點，為別人的好事祝福吧！

35 有趣的殺價經驗

錯的做法

買東西的時候，不敢大膽地還價，只敢打個七折左右還價，最後可能會買貴了！

殺價是門學問也是藝術，尤其到了價格混亂的落後地區，殺價更是必然。可是大多數人殺價總是綁手綁腳，不敢大幅殺價，導致買到貴東西。

過去常常跑大陸，難免會到大陸知名的市場逛逛，偶爾也會買一些東西。可是幾次買東西的結果，我都覺得買貴了，因為我風聞大陸多是山寨品，一定要很便宜買才划算。

可是我不論如何殺價，最後總是大約在開價的七、八折成交，很難殺到五折以下成交。

我開始檢討我的殺價策略，原來我的第一次還價大約都在五折左右，再經過討價還價，很自然地就只能在七、八折左右成交。

可是如果要第一次還價就少於五折，總覺得開不了口，也怕被店家抱怨，要如何做才能第一次還價就足夠低呢？

最後我自己發展出一套我的殺價邏輯，從此常常就可以用二、三折買到我想要的東西。

我的方法很簡單：假如我要買一件polo衫，我問店家多少錢？他回：三百八十元。我聽了搖搖頭，不作聲，這時店家通常會回答：你要多少錢，出個價吧！我還是搖搖頭，不作聲，這時店家通常會繼續鼓勵我出價，在店家再三鼓勵之下，我終於開口了：我是外地來的，不懂本地行情，萬一我價格出低了，被你抱怨，這樣不太好，還是不要出價吧！

接著店家通常會說：我們做生意的，不會罵人，你就儘管出個價吧！沒事的。

我回說：真的嗎？出價太低，你不會不高興喔！店家：你儘管出價！

我終於開口出價了，我把整數去掉，出價八十元，大約兩折。

店家聽到這個價格，通常會一愣，說不出話來，我再提醒，不可以罵人！

店家回過神來，如果他想做這筆生意，通常會降到五折左右，繼續商議。

這樣我就知道這個商品大約可以用五折以下成交，通常我會酌量提高買價，最後往往會以三、四折左右成交。

如果在我第一次開價時，店家就放棄不談了，那我就知道出價過低了，如果我真想買，就再酌量提高價格。

我的第一次還價通常是成交價的「定錨」，成交價只會更高，因此如何降低「錨定價」，需要預告和導引，我的不說話，讓他鼓勵我大膽出價，就是要預告我會狠狠地殺價。

自從我發現這個方法之後，到任何陌生的地方我都不會再當冤大頭，而且通常可以用極低的價格買到我想要的東西。

對的做法

在價格混亂的地區買東西，一定要大膽地殺到五折以下，才有可能買到對的價格。如買高價的產品，也要大膽殺價，才能真正測出合理的成交價。

要大膽殺價，如還價二至三折左右，通常需要有前置預備動作，不可以粗魯地直接還價二折，否則會引起賣家的不愉快，引導賣家說出儘管殺價的話語，就是殺價前的過場。

而一般人買東西，通常是小錢勇於殺價，三、五百元的東西，殺到五折是常事，可是遇到大錢，例如買房子，一戶兩千五百萬的房子，通常會還價兩、三百萬左右，就覺得已經降了大價格，其實這也只是降一成左右，大錢更要勇於殺價，絕不可「小錢殺大價，大錢殺小價」，這是殺價的大忌。

第五部

工作實務

36 不改變就走人！

錯的做法

面對公司變革，卻死守過去的工作習慣，不肯學習新事務，也不願改變，成了公司變革的障礙。

這是一個隨時在變的世界，任何公司都必須配合改變，不改變的公司只能被淘汰！

而在公司進行變革時，工作者也要隨之改變，可是有些人因個性頑固，有些人因年事已高，而不能改變、不易改變，這些人都會變成公司前進的絆腳石，最後只好被公司放棄。

我的公司是一家傳統的內容產業，面臨數位衝擊之後，公司面臨了變革的挑戰，我們必須進行數位轉型，否則只能逐漸衰亡。

可是就算面對這樣明顯而無可爭議的方向，我的團隊還是充斥著反對的聲浪。在討論變革的方向時，許多人質疑變革的必要性；當決定變革的方向時，有人唱衰變革的成功可能；當實際執行變革時，仍有人表面配合，實際上消極抵抗，拖慢了變革的腳步。

這是組織中常見的現象，專業經理人自以為在組織中已服務了十年、二十年，自覺得對組織十分了解，當然對組織的未來也可以表示意見，因而當組織面對環境變遷，必須進行組織變革時，難免會出現激烈的爭辯。

可是不論有任何歧異的意見，經理人永遠要記住一句話：反對只能在變革醞釀期，一旦變革的方向確立，不論方向與方法經理人有多麼不贊同，都要全心全意徹底遵守。

我的經驗是在變革的討論及醞釀期，可以充分表達不同的反對意見，就算措辭強烈也無妨，因為討論就是要正反並陳，徹底找出各種可能，不可預設立場，這樣才能真正找出可能的方向。

而當確立變革方向，並進一步研議執行步驟時，此時經理人就應該收斂反對立場，不能再提不同的意見，除非執行方案有明確的窒礙難行，但提出的也不是反對意見，而是正面的解決方案。

當組織變革進入執行時，不但不可以有反對意見，還要百分之百全力以赴地執行，尤其不允許被動配合，消極怠惰，拖慢了變革的腳步。

當我在公司變革的過程中，發覺有人被動、消極時，我絕不能忍受，我會採取三步驟來改變消極、被動的人。

首先我會向這種人直接挑明說清楚，舉證他消極被動的事實，告訴他我清楚了解他的心態，並明確給出時間，要他限期改善。

接著在限期改變的時間內，我會盯著他的工作態度與方法，並檢查其工作成果，務必見到改變的成效。

最後，如果改變無效，我就會撤換經理人，把他調離第一線的主管職位，或者就直接資遣，讓他離開公司。

大多數被撤換的經理人，以離職居多，因為他不學習、不改變，而老的經驗未來也可能無用武之處，只能離開。

經理人通常擁有豐富的成功經驗，也難免自以為是，遭遇改變，很難主動配合。但經理人永遠要知道，當組織遭遇環境巨大改變時，通常是組織的危急存亡之秋，全員同心協力，都未必能共渡難關，如果還有人三心二意，就更不可能成功。

在公司變革期，經理人要有move or die的認知，不改變就離開，反對只能在改革醞釀討論期出現，之後就不能反對，只能全力以赴。

對的做法

體認公司變革的必然，要主動配合變革，學習新技能，理解新知識，變成變革的推手。

面臨變革的工作者要認真，move or die，要積極投入變革，不改變，就只能走人離開。

不要抱怨組織逼你離開，因為組織也是「不改變就死亡」，它也面臨存亡的抉擇。

37 蔡格尼效應：工作心猿擦亂身心

錯的做法

任由一定要做的工作一再拖延，成為內心揮之不去的陰影，打亂了自己的工作步調。

拖延是每一個人都會出現的不良習慣，凡事「以後再說」、「明天再做」，可是這些必定要做的事，一旦拖延，就會在心中形成印象，盤踞在腦海中，不斷地影響工作情緒，讓我們靜不下心，做不成事，這是心理學上的「蔡格尼效應」。

拖延不只讓該做的事沒做，也會使一個人什麼事都做不好，影響所有的工作。

二十世紀初，俄國的心理學家蔡格尼（Bluma Zeigarnik）發現了一個現象：未完成的工作及未達成的目標，會一直盤旋在每個人的心中，影響每個人的工作情緒，也會影響每個人的工作績效，一直要到此未完成的工作完成、未達成的目標達成。這種暫存、提醒及打擾的現象，稱作「蔡格尼效應」（Zeigarnik effect）。

這就好像我們聽歌的時候，突然關掉音樂，這首歌的某個旋律會一直在心中盤旋、撩亂我心。

這又像中國佛家語：心猿不定、意馬四馳，總有心事，不斷打擾、提醒自己，以至於靜不下心來、放不下心，做事難成。

我曾經深受蔡格尼效應所困擾。我一直是個隨性的人，一向以創意取勝，對規律的工作習慣不以為然，經常想到哪裡做到哪裡，該做的事會拖延到最後，才不得不去做，大事小事含混不清、先後不分。因此心中永遠存在著焦慮，任何正常做的工作，也會被這種複雜的心思打擾，忽然想起未完成的事，而不得不放下現有工作，嘗試緊急救援。

我經常心猿難定，意馬四馳，工作雜亂，績效難成。

當我從書中讀到蔡格尼效應後，我終於學會如何調整工作態度及方法，以免於受未完成工作所困擾，變成另一個有效率的工作者。

克服「工作心猿」最重要的方法是「絕不拖延」。要告訴自己對大小事都不要拖延，而大、小事分別有不同的對應方法。

面對小事，要清楚地設定「下一步行動」步驟，如：召開會議，要立即寫下可能時間、參加者及議題，有了下一步，就不致拖延。

另一個立即解決小事的方法是：只要是五分鐘可以完成的事，就立即去做。例如：打電話向客戶致謝，立刻去做不要拖延。

至於大事、大目標一時不易完成，最常困擾每一個人，又應如何克服呢？

根據心理學家的說法，克服大事的心猿，並不一定要完成，而是讓大事進入可預期的完成過程，就是要提出一個完整的執行計畫，只要我們擬定了清楚的工作計畫，有步驟、有方法、有時間表，我們就會安心，蔡格尼效應就會暫停運作。

我每次下定決定出書，就陷入緊張、心事如麻，可是我一旦擬定寫作大綱，並完成寫作時間表，我就安心了。因為不再是虛無的想法，而是可被完成的期待。

職場中，每個人都會被心猿所困，陷入莫名的不安中，了解蔡格尼效應及其對應方法，是提升工作效率的重要關鍵。

對的做法

該做的事，立即去做，絕不拖延。

面對拖延這個人人會有的毛病，去除的方法是，把所有的工作都排入工作流程，然後照表操課，絕對遵守流程。

對有祕書的高階主管，不拖延的方法是交代祕書，排入行程，可是對一般的工作者，就要下決心，自己排行程，這是比較困難的事。自我管理通常需要更大的決心與毅力。

至於大事，不是短時間可以完成，那就要擬定執行計畫，並建立執行時間表，確定完成日期，就可確保完成。

只要有時間表，有計畫，排入行程，就可以避免「蔡格尼效應」。

38 險中求勝，奮力一搏

錯的做法

面對必輸的惡劣情境，我們卻只能默默承受，靜待失敗降臨，這是最悲慘的事。

人總會遇到不順心、不順手的事，一件事可能尚未完成，可是我們已經知道結果必然失敗，這時候如果沒有採取特殊作為，險中求勝，那只有等候失敗降臨。

《工商時報》剛創刊時，我曾經在工商服務部工作，名為工商記者，實為報紙的廣告專員，負責聯繫各種工廠，寫寫工商服務新聞，主要還是要爭取廣告。

有一次我說服一家小的塑膠工廠老闆，登了一則一萬兩千元的分類廣告，可是登完之後，卻遲遲不肯付廣告費，收款單位催收了幾次，都無結果，最後又回到我手上，要我負責催收，如果收不回來，我就要打折賠償報社損失。

我也催收了幾次，不是老闆避不見面、找不到人，就是抱怨廣告登了沒效果，他完全沒做到生意，為了補償他沒做到生意，我替他爭取登了一次免費的宣傳稿並為他撰寫，可是仍然收不到錢，就這樣前後拖了近兩年，已到了報社列入呆帳的最後期限，我不得不做個了斷。

我分析這個老闆是講理的人，因為他始終沒有否認登廣告的事實，有登廣告，當然要付費；我也認為老闆是個愛面子的人，因為他從來沒有說出拒付的話，而為什麼不付錢呢？原因就是因為生意不佳，手頭不便。分析完這些情境之後，我決定在他面前演一齣感性的戲。

我找到老闆，直截了當告訴他，他不付錢，我需要代他賠償，這筆錢是我近一個月的薪水，但我不能不賠。話鋒一轉，我說我知道你不是賴皮的人，不付錢是因為你經營辛苦，手頭不便，就當我們是朋友一場，我就幫你忙，代你付了。以後你如果生意做好、做大了，需要登廣告，別忘了要找我，只是那時一定要付廣告費！

老闆聽我這樣說，沉吟了許久，終於開口了，承認是手頭緊，不好意思，但讓我代付廣告費，他也不好意思，他打開抽屜，拿出六千元，先付了一半，以後再付一半。

我終於收到一半廣告費，雖然另一半從此沒有下文，可是我終究少賠了一半。

這件事讓我養成一個習慣：不論遇到任何惡劣的情境，儘管已是全盤皆輸的局面，我仍然一定要想盡辦法，嘗試奮力一搏，看看有沒有機會，險中求勝，逆轉敗局，或者盡可能減少損失。

要做奮力一搏前，一定要確認幾件事：一、確認此事敗局已定，很難翻轉。二、盤點失敗後，善後損失，確定善後工作的安排。三、設想奮力一搏的方式，並進行事前演練。

要預先盤點失敗，是因為即使奮力一搏，最後能逆轉的機會也不大，十之八九仍然只能認輸，因此緊跟著就是失手的善後工作，一定要預先設想清楚。

至於如何安排奮力一搏，這就要仔細分析整個事情的始末，從其中找出尚能著力的關鍵，並發揮創意，去規畫奮力一搏的作為。

任何再惡劣的情境，一定要嘗試奮力一搏，絕對不可以無聲無息地承認失敗，這代表我們曾努力過，也代表我們的鬥志！

對的做法

就算已經陷入失敗的困境，但只要還未真正失敗，總要設法做一些事，尋求改變，這時候走險招，下險棋，可能是可採取的做法。

如果一件事已注定要失敗，而我們又想找機會逆轉，這時絕對不可以按正常的做法，一定要做一些奇怪且可能危險的事，這就是「險中求勝」。

「險招」沒有一定的方法可循，只能衡量當時的情境去設計，而其目的絕對不是求全勝，而是求少輸，看能不能減少損失，險境中一定要尋找最後奮力一搏的機會。

39 七五%最完美

錯的觀念

凡事祈求百分之百，設定目標，要用最高的標準，工作執行也要求最高標準，但能完成的機會很低，讓自己的人生充滿挫折。

設定百分之百的完美目標，讓我們不斷拖延啟動的時辰，因為很難準備周全，最後想像很多，但卻一事無成。

工作執行時，如果也設定百分之百的完美目標，會迫使我們卯盡全力去關注每一個執行細節，而無法兼顧預定的進度，最後也無法如期完成。

年輕時做事，只知全力以赴，心念一動，就百分之百投入，設定最高的目標，動用所有的資源，一相情願，無怨無悔，通常是做到一半已氣力放盡，接下來只能用意志力苦撐堅持，進入自己都無法掌握的狀況。如果老天爺賞臉，加上一點運氣，最後才能有好的結果，否則常出現令人遺憾的下場。

五十歲以後，我有了不同的體會。雖然仍相信全力以赴、堅持到底，可是在做事的方法、資源的配置上，我採取七五%的原則，不再一相情願地百分之百強行登陸。

在設定工作目標時，我不再以百分之百完美作為初始設定的目標，改為七五%完美，且心中不去設想百分之百的完美情境。

在資源配置時，盤點自己手中所有的資源，這包括財務、團隊及其他可用的環境、時間等因素。我也不會在初始投入時，即動用百分之百，最多只動用七五%。

而在個人態度及心力上，我也不再是一啟動就運用所有氣力，而只是用七五%的力氣，先熱身，再逐漸看狀況加碼。

這就是七五%最完美的工作觀念。表面上這與做事要全力以赴相違背，但這卻是避免錯用資源、確保成功最有效的方法。

設定百分之百的目標當然完美，但是百分之百通常難度最高，風險也最大。如果六〇%就是及格，那把目標訂在七五%，應是高於平均值的相對高目標，務實而可行，也不至於讓自己在啟動之時就陷入退無可退的絕境。

同樣地，設定七五%的目標，相對在資源動用及個人投入上，也只動用七五%，不可一次就壓上所有資源，避免在關鍵時候後援不繼。

七五%的完美，是因為我知道人生不是只做這一件事，也不是只有今天做事。我每天都可能啟動新的事，每天也都要繼續做事，人生不是一次性的百米競賽，而是一場馬拉松。除非已到最後終點，否則一切都只是過程，我不應在過程中用盡所有力量、賭上所有資源，「七五%」是在控制節奏、是在配速、是務實地確保每一階段性的成功、是累積所有的可能，等待關鍵決戰的最後衝刺。

我的心中不是沒有百分之百，反而是常存百分之百，但是百分之百的目標，可能不是當下最經濟、最有效益的選擇，而七五%可能是當下「最適當」的選擇，最容易達成，風險最小，效益也最大。

當然如果天時、地利、人和，完成七五%時，發覺仍有餘力，代價也不高，再把目標朝百分之百推進，也是理所當然。
但是確保七五%是先決條件，務必完成。

對的觀念

設定當下可及的目標，只要達到七五%的完美，就應立即去做，以確保行動力與執行力。

衡量人生所做的每一件事，我們很難做到百分之百，甚至可能從未做到百分之百，因此與其設定百分之百，可是卻從未達成，不如設定七五%，可是卻可以準確如期地完成。

完美是人生永遠的追逐，可是比較可行的方法是分階段，先嘗試完成七五%，在第二階段往完美邁進，這是比較可行的方法。

40 沒有錯大事，就沒有做大事

錯的態度

任何事都怕犯錯，因此小心謹慎地保守做事，不做任何可能有風險的事，自然也就長保平安無事。

有人積極進取，什麼事都大膽去做；也有人謹慎保守，任何事都選擇安全。保守的人一生都不會做冒險的事，當然在工作上也就小心謹慎。可是凡事小心保守，也就不會有出人意表的成長，團隊也只能保守平穩。

可是工作上不可能一直都平安無事，一定會遇到困難，會考驗人的選擇，也會迫使人必須冒險，如果一味選擇安全，那可能會錯過逆轉的機會。

一個亟待轉型的團隊，由於原有的生意模式老化，營業額年年降低，從三年前我就要求主管要啟動新的嘗試，以找尋新的出路，可是三年來他們雖有一些嘗試，但始終沒能看到新的方向。

在歲末年終來臨前，我們又在擬明年的預算，我和這位主管有一段發人深省的對話：

「明年有什麼新嘗試嗎？」

「大概就在原有的基礎上，增加一些新功能，讓產品升級吧！」

「這樣整個公司會出現結構性的轉變嗎？」

「……」

「我們不是早就定下方向，要在公司還能賺錢時，努力嘗試創新，以期望找到新的營運模式嗎？」

「我們有努力想，也有做一些新的嘗試，但始終沒有大的突破，不過我們也沒有花太多錢，所幸也沒有犯什麼大錯！」

「要有突破性的創新，就是要大膽想，放手去試，不要怕犯錯，你們做的都是小事，都只是在原有基礎上的小改變，這怎麼可能有大突破。你們都沒有犯大的錯，就代表你們從沒有做大事，不敢嘗試真正的突破性的創新！」

談話結束，我要求主管不要怕犯錯，就算虧了大錢也沒關係，因為這就是變革、轉型所必要付出的代價。

我終於知道為什麼許多公司明明營運已經停滯不前，明明在幾年之後可能就面臨無以為繼的命運，但卻一直未採取必要的嘗試，以尋求突破。

原因就在於主事者怕犯錯、怕賠錢，因此不敢做比較大膽的嘗試，而僅能在現有的基礎上，進行微調，或做一些無關緊要的維持性創新。

而其中怕賠錢又是整個問題的關鍵，如果犯錯賠的只是時間成本與機會成本，這大多數人都能忍受，可是賠的如果是白花花的銀子呢？大家極可能會害怕而不願嘗試。

因此在面臨變革轉型時，最重要的不是要「求變」，而是設定「求變」所能忍受的代價，要讓團隊知道，不賠錢是不可能的，要想做出大的創新突破，就可能會犯錯，而犯錯一定會隨之賠錢。

過大的虧損可能不是公司所能負擔，因此在啟動任何變革之前，預判賠錢的額度，當然是必要的。

面臨變革時，不要怕犯錯，不犯大錯，就不可能做大事，只要準備可能虧損的額度，就可以放手變革了。

對的態度

在工作上面臨轉折，需要創新求變的時候，就必須大膽想，選擇改變，就算冒險，就算可能犯錯，也必須嘗試。

承平日子，選擇保守安全是對的，不要沒事找事。可是如果遇到困境，遇到環境變動，遇到策略的轉折點，這時候就不能只求保守穩定，必須求新求變，要變就要冒險，也可能犯錯，就不能只選擇安全。沒有錯大事，很可能是你永遠沒做過一件大事。

41 烈女怕纏郎

錯的做法

工作上如果遭遇困難，雖然明知是對的事，也不敢全力以赴，排除困難去完成，任由困難變成障礙，導致對的事無法完成。

職場上只有很少的機會，能水到渠成地順利完成工作。工作通常會有各種險阻，導致無法完成。如果遇到困難，就順其自然，工作就會拖延，甚至最後無法完成。

沒有盡全力去做對的事，沒有想盡各種方法去排除困難，都不是好工作者該做的事。

最近我們出版了網路翟神的新書：《創新是一種態度》，這是我們團隊在半年中全力以赴，催促作者寫成的書，由於是翟神的第一本書，再加上主題明確，市場反映極佳。翟神翟本喬在公開演講時特別說了這本書的製作過程，給所有年輕人參考。

當我們今年初找到翟本喬談出書計畫時，他已經答應了兩本書的書約。第一本是在一年多以前，一個出版社找到翟本喬，希望出版一本他的成長故事，從台灣第一個資優跳級生，到台大數學系，再到國外留學，進貝爾實驗室，轉到Google的工程師，最後再回國服務、創業。因為主題明確，他就答應了，也陸續起了頭，寫了一些。

第二本書是他在網路上寫了文章，談及他在Google工作的經驗，這也引來出版社的興趣，找到他，要出版一本他的Google經驗。他也答應了，可是也始終沒有積極完成。

我們找他寫的書是第三本，如果按順序出，我們排最後，而最好賣的是人的故事與人的題材，而這都在前兩本書寫完了。我們要出書的話，一定不能是最後一本，因為最後一本的銷售量通常不會太好。

因此我們決定做一本最快完成及最容易製作的書，最後決定以突破框架、創新為主題的書，由翟本喬口述，找代筆者記錄整理。

就這樣我們約好訪問時間，快速記錄整理，我們的責任編輯在半年中，就負責緊迫盯人，確保翟本喬能受訪、能看稿、整理，最後我們就做出了翟本喬在台灣出版的第一本書。

翟本喬說：年輕人想成功，這本書的出版經驗就是最佳參考。遇到覺得可行、該去做的事，就要堅持，就要鍥而不捨，設法緊迫盯人，要想盡各種辦法，盡可能地勉強別人，去做你想做的事。烈女怕纏郎，他就是在我們編輯不斷地催促、哀求、永不放棄地追蹤之下，放下了所有出書的事，優先寫完我們的書。讓我們的書，從排序的最後一本，變成第一本出版的書。

先出版的好處是，翟本喬是名人，許多人對他的故事有興趣，他的第一本書，會有最大的能量吸到對他感興趣的讀者。

再加上最合適的出版題材已被其他人預定，我們只能靠先出手取得優勢，因此在決定要出版他的書時，我就要求責任編輯，要用最快的方式出版。

所幸我們的編輯團隊圓滿達成任務，用盡了所有的方法：去跪、去求、去盯人……才能完成近乎不可能的任務。

做事，首先要策略正確，還要鍥而不捨，烈女怕纏郎，不達任務，絕不終止。

對的做法

只要是對的事，不論遭遇多大的困難，或者看來已不可能完成，都要想盡各種方法死纏爛打，絕不放棄。

人生無處不勉強，我們永遠在勉強別人去做我們想要完成的事，許多事表面上看起來已經不可能實現，可是這只要是對的事，我們都不應該放棄，有時候應該抱著死馬當活馬醫的精神，繼續死纏爛打，只要能讓對方感動，說不定會峰迴路轉。

絕不放棄的重點是，如果此事成功的關鍵是說服一個人，取得對方的配合，就能完成，那就應全力去做，去跪、去求、去守候、去盯人，都可嘗試。

42「三位客人都是豬！」

錯的做法

把一些通俗而不禮貌的稱呼掛在嘴上，當一不小心衝口而出時，就會犯下大錯。

每個行業對客戶都會有一些私下的通俗稱呼，例如稱客戶為「奧客」，這些稱呼當笑話說說可以，絕對不可以經常掛在嘴上，因為習慣了，極可能會在不適當的場合脫口而出，以至於引發災難。

許多記者寫到專業的報導，為了解釋一個專有名詞，經常再用一些專有名詞解說，結果是讀者讀了一堆專有名詞，仍然無法理解。

因此我常在開會時提出機會教育，大多數的讀者面對專業知識都是「白癡」，我們要把讀者視為「白癡」，一定要用他們看得懂的語言，去解釋他們不懂的事物！

我並不覺得我這種說法有什麼問題，可是一段時間以後，我的一個部屬提醒了我：何先生，你不是要我們把讀者當作衣食父母嗎？要尊敬他們，可是你為什麼一再說他們是「白癡」呢？

一語提醒夢中人，我為了強化描述讀者針對專業知識的情境，用了一個精準而真切的名詞，可是對讀者卻是極不禮貌的說法，從此以後，我很小心謹慎我的遣詞用字，雖然有時候難免還是會犯錯，但我更謹記心中有讀者、有客戶，就不至於犯太明顯的錯。

這讓我想起航空公司的一則笑話：空服員把乘客用餐，戲稱為「餵豬」，有一次座艙長忘了關掉機上的麥克風，說了一句：「開始餵豬了！」所有的乘客都聽見了，引起軒然大波。

另一個類似的故事發生在餐廳，這家餐廳賣的是各種快餐，有豬排、雞排、牛排等，有一次來了三位客人，點的都是豬排，服務員在告知訂單時說了：「三位客人都是豬」，被客人聽見了，很生氣，老闆只好出來道歉，才平息風波。

每家公司內部都會有一些習慣性的說法，來描述客人，有些並不見得很好聽，也很容易引起誤會，對這些說法，只要有可能得罪客戶，都應該嚴格戒絕，絕不可以相因成習，極有可能會引起不必要的困擾。

以我自己的例子，我們公司已經非常強調讀者第一、讀者至上、讀者是衣食父母，可是我在內部溝通也常會犯稱讀者為「白癡」的錯，如果沒有人提醒我，如果我的同事們也繼續使用這樣的描述，不知不覺中，我們一定會降低對讀者的尊敬，而逐漸背離讀者至上的理念了。

要貫徹客戶至上的概念，我們一定要隨時注意任何細節，當有些行銷業務從外面拜訪客戶回來，吃盡了客戶的苦頭，談到客戶則不自覺地以「奧客」稱之，這在我們公司都不允許，我們要求要視麻煩的客戶為理所當然，能處理客戶不正常、不合理的要求，是每一個業務人員必須做到的事。

尊敬客戶、客戶至上，要變成公司的信仰，要變成組織文化的一部分，就算開玩笑，也不可以拿客戶為對象，這樣才能真正內化「客戶至上」的邏輯。

對的做法

以客為尊，客戶至上，絕對不可以對客戶有不雅的稱呼，更不可以公開出口。

禍從口出，言者無心，聽者有意，說話很容易引起不必要的誤會，尤其對客戶，更要心存敬意與感謝。

面對客戶時，每一句話都應該要小心，尤其忌諱對客戶有不雅的形容詞，這些形容詞說多了，難免會降低對客戶的尊敬，也會引來不必要的困擾。

43 公開沉默，卻私下抱怨

錯的做法

在組織公開討論問題時沉默不語，可是在組織做出明確的決定後，卻私下抱怨，提出不同的看法。在職場中，對組織的忠誠是極重要的事，而這是不忠誠的行為。

許多工作者常在公開討論時沉默以對，如果不發表意見，那就要對組織所有的決定服從到底，不應該再有任何抱怨。可是工作者卻常常在組織決策已定案之後，卻私下提出抱怨，這對組織的向心力是一種傷害，如果真有意見，也要循正常管道向主管反映，而不是在私下抱怨。

公司正在研議啟動一項新事業，為了表示重視，我親自召開了幾次籌備會議。有一位主管負責的業務與這項新事業關係密切，我原本以為他應該會提供許多意見，但沒想到他始終沉默不語，沒有做正面回應，也沒有表態反對。

事後其他同事告訴我，這位主管似乎對這項新事業極不看好，私下說了許多抱怨的話，認為我太過主觀與一相情願，因為新事業與他原有的業務衝突，如果真的執行，勢必難以兩全……

我找來這位主管詢問真相，他告訴我：「我真的很不看好這項新事業。」我再問：「為什麼在談論的時候不當面表示反對呢？」他說：「因為看你談得興高采烈，似乎非常看好，因此不便表示反對。但事後又覺得十分不妥，因此向其他同事抱怨了幾句。」

這是我對公司核心團隊最不能接受的事——在正式開會討論時沉默不語，事後卻私下抱怨表示反對，不但違反了公司內的共識，還會引發組織的災難。

我一向這樣要求組織內的核心團隊：當公司找你商議事情時，就代表對你的看重，認為你有足夠的成熟度可以參與意見討論，也會重視你的看法，因此一定要知無不言、言無不盡。如果會議中不表示意見，對於會議的結果就要認同與尊重，也要為結論的成敗一起負責任，絕對不容許正式開會時沉默不語，事後卻私下抱怨，這是對組織極大的「背信」行為，不可原諒。

一般工作者多半沒有機會參與高層會議，就算出席也屬於見習旁聽的性質，不會被賦予發言的資格。然而，一旦成為核心團隊，組織就會正式邀約你參與會議，要你提供意見，而此時工作者唯一的責任就是忠實陳述自己的意見，不可有所保留。

另外一種狀況是，有些不成熟的工作者常常在正式會議時，被大眾意見所左右，不敢提出自己的不同看法，或者在會中看職位高者的風向，採取附和的態度。這都違反了開會集思廣益的意義，因為缺乏反對聲音，未能仔細討論可能的負面影響，很有可能讓組織陷入「決策災難」。

更不可原諒的是「私下抱怨」，在同事之間散布不同的反對意見，以凸顯自己的特立獨行，表示自己是有想法的人，這是對組織的「二次傷害」：未忠實陳述己意於前，導致不同意見無法被廣泛討論；私下抱怨於後，破壞組織的團結與共識，讓組織的決策埋下異議的因子，影響工作的推動。

組織中需要的是負責任、能獨立判斷、思考問題的成員；需要的是在公開場合堅持己見、據理力爭的鬥士，而不是在走廊上、飯桌旁高談闊論不同意見的英雄。好的組織能容許不同的意見，也鼓勵提出不同的看法，但絕不容許「公開場合沉默不語，但私下抱怨」的現象。

對的做法

在組織公開徵詢意見時，就要勇於提出建言，知無不言，可是一旦公司已做成決定，就要絕對服從，不可再有私下抱怨的情事。

成熟的工作者一定要勇於為自己的意見負責任，在討論階段，就要提出建言，必要的時候，更應該堅持己見，據理力爭，以求自己的意見能被組織所接受，讓好的意見能實現。

可是如果自己的意見未能實現，工作者也要服膺最後的決策，全力奉行。這才是正確的工作態度。

私下的抱怨，對組織的傷害最大，工作者不應有此錯誤的行為。

44 尋找方法八字訣：說我所做，寫我所說

錯的做法

漫無邊際地想問題，最後一無所獲。只知道每天努力工作，卻不去分析工作方法，思考改善流程，導致效率永遠不能提升。

我們每天都會遇到複雜的問題，因此也必須思考問題，可是如果在思考問題的過程中，沒有一套整理和收斂的方法，最後通常思緒混亂，一無所獲。

我們每天也都在工作，日日為之，月月為之，如果沒有一套檢視方法，我們就只會知其然而不知其所以然，只會每天照著做，不會檢討進步。

一般來說，在公司導入企業資源規畫系統（Enterprise Resource Planning, ERP）的過程中，首先要確認公司中的標準作業程序（Standard Operation Procedure, SOP）。但是我們公司在導入前沒有所謂的SOP，因此顧問公司要先協助我們建立SOP。根據顧問公司的說法，我們只要「說你所做」，然後再「寫你所說」，就可以一步一步建立SOP。

於是我們開始把每天在做的事「說出來」：行動前要做什麼事；行動時第一步要做什麼、第二步要做什麼……一直到工作完成為止，這就是「說你所做」。接著再用文字，逐一寫下所說的步驟，這就是「寫你所說」。最後再開會討論這些文字化的步驟，確認這是正確的步驟，然後正確的作業流程就確立了。

從此之後，我學會了「說你所做，寫你所說」的能力，並且把這種方法用在工作、生活的許多地方，因此學會了許多事，也增加了許多能力。

當我學了一樣新事物，在似懂非懂之時，我會開始把我做的事說出來，然後把所說的事寫下來。當我所做的事都文字化之後，就可以推敲每一個步驟、每一個過程，看看是否還有需要改進的地方。如果有，就再把它寫成文字，成為新的工作方法，再照著做做看，檢驗是否會做得更順更好，最後我就真的學會做這件事了。

同樣地，當我思考一件事時，如果思緒混亂、思路跳躍，覺得想了許多事，可是到頭來仍然了無頭緒，這時候我就會把「說你所做」改成「說我所想」。

在這個廣泛的發想階段，把我每一個發想的點，轉化為一個關鍵字，然後說出來、寫下來，經過仔細思考後，可能會寫下十幾、二十個思考點，有時還會更多，而這一張密密麻麻的文字紀錄，往往會變成我重整思路的起點。

接著，我會把這些混亂的思考點，按性質歸類，先分成幾個大類，再去思考這些大類之間的因果關係。這其中當然會不斷運用邏輯學中的歸納法、演繹法，直到把所寫的內容完全變成結構嚴謹的思考脈絡圖為止。經過這樣的過程，我有機會把一件複雜的事，徹底想通。

其實一切只要文字化後，複雜的事就會清楚明白起來，而「說你所做，寫你所說」只不過是文字化的有效方法。

只要遭遇複雜、需小心謹慎的事務，我都少不了這個把一切文字化的過程。因為口語難免掛一漏萬，只要寫成文字，就會反覆推敲，結構嚴謹，大幅減少犯錯的機會，每一個人都應該養成文字化的習慣。

對的做法

把所想的事，所做的工作，整理成文字化的描述，然後再針對這些描述，檢討改進，這就要歷經「說你所做，寫你所說」的文字化的過程。

人類的思想是跳躍而混亂的，人類的行為所得到的經驗，也是每個人獨自擁有的，這樣的思想和經驗，都只能意會，不能流傳。

唯有把思想和經驗文字化之後，才能檢討改進，也才能流傳。「說你所做，寫你所說」是一套把思想和經驗文字化的方法，經過文字化之後，我們很容易重新建構邏輯關係，也可以把流程最佳化，成為可以依循、流傳、學習的知識。

每個工作者都要學會「說你所做，寫你所說」的方法。

國家圖書館出版品預行編目（CIP）資料

人生的對與錯：44則人生體悟分享／何飛鵬
著. -- 初版. -- 臺北市：商周出版：家庭傳
媒城邦分公司發行，2016.03
面；公分
ISBN 978-986-272-992-2（平裝）
1. 職場成功法　2. 自我實現
494.35　　105002434

新商業周刊叢書 BW0599

人生的對與錯

44則人生體悟分享

作　　者／何飛鵬
文字整理／黃淑貞、李惠美
校　　對／呂佳真
責任編輯／鄭凱達
版　　權／黃淑敏、翁靜如
行銷業務／莊英傑、張倚禎、石一志

總　編　輯／陳美靜
總　經　理／彭之琬
事業群總經理／黃淑貞
發　行　人／何飛鵬
法律顧問／台英國際商務法律事務所　羅明通律師
出　　版／商周出版
臺北市104民生東路二段141號9樓
電話：(02) 2500-7008　傳真：(02) 2500-7759
E-mail: bwp.service @ cite.com.tw
發　　行／英屬蓋曼群島商家庭傳媒股份有限公司　城邦分公司
臺北市104民生東路二段141號2樓
讀者服務專線：0800-020-299　24小時傳真服務：(02) 2517-0999
讀者服務信箱E-mail: cs@cite.com.tw
劃撥帳號：19833503　戶名：英屬蓋曼群島商家庭傳媒股份有限公司城邦分公司
訂購服務／書虫股份有限公司客服專線：(02) 2500-7718；2500-7719
服務時間：週一至週五上午09:30-12:00；下午13:30-17:00
24小時傳真專線：(02) 2500-1990；2500-1991
劃撥帳號：19863813　戶名：書虫股份有限公司
E-mail: service@readingclub.com.tw
香港發行所／城邦（香港）出版集團有限公司
香港灣仔駱克道193號東超商業中心1樓
E-mail: hkcite@biznetvigator.com
電話：(852) 25086231　傳真：(852) 25789337
馬新發行所／城邦（馬新）出版集團
Cite (M) Sdn. Bhd.
41, Jalan Radin Anum, Bandar Baru Sri Petaling, 57000 Kuala Lumpur, Malaysia.
電話：(603) 9056-3833　傳真：(603) 9057-6622　E-mail: services@cite.my

封面設計／黃聖文
印　　刷／鴻霖印刷傳媒股份有限公司
經　銷　商／聯合發行股份有限公司　電話：(02) 2917-8022　傳真：(02) 2911-0053
地址：新北市新店區寶橋路235巷6弄6號2樓

■2016年3月29日初版1刷
■2024年2月2日初版11.8刷

Printed in Taiwan
城邦讀書花園
www.cite.com.tw

定價290元
ISBN 978-986-272-992-2